技術士 第二次試験
「口頭試験」
受験必修ガイド

杉内正弘・福田 遵[著]

第6版

日刊工業新聞社

は じ め に

　令和元年度から技術士第二次試験の試験制度が改正され、口頭試験において
は平成30年度までの評価項目になっていた『「受験者の技術的体験を中心と
する経歴の内容及び応用能力」と「技術士としての適格性及び一般的知識」』
から『「技術士としての実務能力」と「技術士としての適格性」』という評価項
目へと変わりました。また、試問事項についても「技術士に求められる資質能
力（コンピテンシー）」の項目に基づき、「コミュニケーション、リーダーシッ
プ」、「評価、マネジメント」、「技術者倫理」、「継続研さん」という4つの項目
になりました。
　平成25年度以降、口頭試験の試験時間は20分に短縮され、それに伴い平均
合格率は9割程度と高くなりましたが、技術部門や選択科目によっては7割程
度という厳しい結果になっているところもあります。筆記試験で不合格になる
よりも口頭試験で不合格になったときのショックは、想像以上に大きなもので
す。しかも、口頭試験で不合格になってしまった場合には、翌年以降に改めて
筆記試験から受験をしなおさなければなりません。筆記試験に合格したならば、
何としても口頭試験に合格したいというのは、すべての受験者に共通する思い
なのではないでしょうか。そのためには、新たな試験制度に対応した受験対策
をしっかりと行っておくことが望まれます。

　口頭試験では、技術士としての実務能力と適格性を判定するため、筆記試験
における記述式問題の答案及び業務経歴を踏まえ実施されます。とりわけ「技
術士としての実務能力」は、受験申込時に提出する実務経験証明書の『業務内
容の詳細』をもとに評価されることから、この内容が口頭試験の合否を大きく
左右するといっても過言ではありません。実務経験証明書は、提出後に差し替
えることはできません。したがって、実務経験証明書に記載する『業務内容の
詳細』をおろそかにしてしまうと、せっかく筆記試験に合格しても、口頭試験

i

を受けるときに悔やむことになってしまいます。口頭試験に確実に合格するためには、「技術士としての実務能力」としての「コミュニケーション、リーダーシップ」、「評価、マネジメント」とともに、専門的な応用能力をしっかりとアピールできる内容の技術的体験を実務経験証明書に明示しておくこと、そして口頭試験で試問される内容を事前に理解しておき、口頭試験の場で適切な回答ができるようにしておくことが必要です。

　しかしながら、筆記試験合格の通知を受けた後に『業務内容の詳細』をもっとちゃんと書いておけば良かったという受験者が多いのも事実です。本書は、受験申込時に実務経験証明書に記載する「業務内容の詳細」を適切にまとめられるようにすることはもちろんのこと、筆記試験合格後に『業務内容の詳細』が不十分と考えている受験者に対しても、そのレベルに応じた口頭試験での対応ができるようにしています。

　適切な口頭試験の対策方法を提供することによって受験者の合格を後押しすることは、文部科学省や日本技術士会の目指す方向に沿うばかりではなく、わが国の技術発展のためにもなると考えています。本書はこのような考えに基づき、「実務経験証明書の書き方」と「口頭試験の対策」の2つの内容を軸に、合格できる口頭試験の受け方を可能な限り具体的にわかりやすく示すことを狙いとしました。特に、本書では、口頭試験における技術的対話とはどういうものか、さらに技術的対話を成立させるための『業務内容の詳細』の書き方はどうしたらよいのか等を、具体的な記載例によって十分に理解できるようにしています。また、口頭試験当日に向けた対策としては、実際にどのような内容の試問が出されるのかを示すことによって、事前に十分な対策を進められるように配慮しました。さらに、新たな試験制度になってからの試問内容についても、実際に問われたことをもとに数多く示すようにしました。

　この本を手にしたあなたは、技術士第二次試験の口頭試験における合格の可能性が飛躍的に高くなるものと確信しています。

　本書によって、適切な口頭試験対策を進めていただき、確実に『技術士第二次試験合格』の栄冠を勝ち取っていただくことを願ってやみません。

　2021年3月

　　　　　　　　　　　　　　　　　　　　　　　杉 内 正 弘

目　次

第1章
技術士第二次試験
における口頭試験

　これまでの技術士試験では、5〜6年ごとに試験制度の改正が行われているが、令和元年度試験でも、技術士第二次試験において大きな試験制度の改正が行われた。口頭試験においても、試験の進め方に変化が見受けられたので、その内容を理解して試験に臨む必要がある。まず、試験制度全体の変更内容をここで整理してみる。なお、技術士第二次試験の口頭試験は、受験者が技術士となるのにふさわしい人物かどうかを総合的に判断する試験であるので、技術士制度などの基本事項を含めて、すべてを理解しておかなければ適切な回答ができない試験である。そういった点を配慮して、本章では技術士制度、技術士試験制度および口頭試験の進め方について説明する。

1. 試験制度改正の背景

　令和元年度の試験制度改正は、平成28年12月に文部科学省　科学技術・学術審議会　技術士分科会によって取りまとめられた報告書「今後の技術士制度の在り方について」の提言に基づいて行われたものである。

　この報告書では、技術士第二次試験の具体的な改善方策について次のように述べている。

　技術士資格が国際的通用性を確保するとともに、IEAが定めている「エンジニア」に相当する技術者を目指す者が取得するにふさわしい資格にするため、IEA[※1]のPC[※2]を踏まえて策定した「技術士に求められる資質能力（コンピテンシー）」を念頭に置きながら、第二次試験の在り方を見直すことが適当である。

　コンピテンシーでは、技術士に求められる資質能力が高度化、多様化している中で、これらの者が業務を履行するためには、技術士資格の取得を通じて、実務経験に基づく専門的学識及び高等の専門的応用能力を有し、かつ、豊かな創造性を持って複合的な問題を明確にして解決できる技術士として活躍することが期待されている。

　今後の第二次試験については、このような資質能力の確認を目的とすることが適当である。

　※1：(International Engineering Alliance：国際エンジニアリング連合)
　※2：(Professional Competencies：専門職として身に付けるべき知識・能力)

　このような考え方を踏まえて第二次試験における、(1) 受験申込み時、(2) 筆記試験、(3) 口頭試験、についてそれぞれ試験制度改正に関する内容が示されたのである。

2. 令和元年度の試験制度改正内容

　前節で述べた背景をもとに行われた、試験制度改正の主な趣旨は次の3つになる。

（1）筆記試験がすべて記述式問題になった

　技術士第二次試験においては、試験制度が創設された当初から、記述式問題が出題されていたが、最近では、平成25年度試験から平成30年度試験までは旧必須科目（Ⅰ）で択一式問題が出題されていた。その必須科目（Ⅰ）は、令和元年度試験からは、『「技術部門」全般にわたる<u>専門知識、応用能力、問題解決能力及び課題遂行能力</u>に関するもの』を試す問題が記述式問題として出題されるようになった。

（2）選択科目の統合・廃止が行われた

　平成30年度試験までは20の技術部門の中に、合計96の選択科目があったが、それが69の選択科目に集約された。中には、1つの選択科目しかない技術部門もある。それだけではなく、継続された選択科目を含めて、「選択科目の内容」が変更されたので、受験する選択科目を選ぶ場合にも注意が必要である。特に、すでに技術士資格を持っていて、総合技術監理部門を受験する受験者は、自分が合格した技術士の選択科目が、総合技術監理部門ではどの選択科目に相当するのかを間違えなく選択する必要がある。

　口頭試験の内容を説明する前に、現在の技術部門・選択科目における「選択科目の内容」を図表1.1に示すので、自分が受験する「選択科目の内容」を再確認してもらいたい。

図表1.1　一般技術部門の選択科目と選択科目の内容

技術部門	選択科目	選択科目の内容
機械	機械設計	設計工学、機械総合、機械要素、設計情報管理、CAD（コンピュータ支援設計）・CAE（コンピュータ援用工学）、PLM（製品ライフサイクル管理）その他の機械設計に関する事項
	材料強度・信頼性	材料力学、破壊力学、構造解析・設計、機械材料、表面工学・トライボロジー、安全性・信頼性工学その他の材料強度・信頼性に関する事項
	機構ダイナミクス・制御	機械力学、制御工学、メカトロニクス、ロボット工学、交通・物流機械、建設機械、情報・精密機器、計測機器その他の機構ダイナミクス・制御に関する事項
	熱・動力エネルギー機器	熱工学（熱力学、伝熱工学、燃焼工学）、熱交換器、空調機器、冷凍機器、内燃機関、外燃機関、ボイラ、太陽光発電、燃料電池その他の熱・動力エネルギー機器に関する事項
	流体機器	流体工学、流体機械（ポンプ、ブロワー、圧縮機等）、風力発電、水車、油空圧機器その他の流体機器に関する事項
	加工・生産システム・産業機械	加工技術、生産システム、生産設備・産業用ロボット、産業機械、工場計画その他の加工・生産システム・産業機械に関する事項
船舶・海洋	船舶・海洋	船舶の機能、設計、構造、性能及び建造に関する事項 浮体式海洋構造物及び海洋機器に関する事項
航空・宇宙	航空宇宙システム	航空機、宇宙機（ロケット、人工衛星、宇宙ステーション等。以下同じ。）の空気力学、構造力学、制御工学、推進工学並びにこれらに関連する試験及び計測技術に関する事項（装備に関する事項を含む。） 航空機、宇宙機の信頼性、安全性に関する事項 航空機、宇宙機に関する航行援助施設（空港、管制、射場、追跡施設等）に関する事項

図表1.1 一般技術部門の選択科目と選択科目の内容（つづき）

技術部門	選択科目	選択科目の内容
電気電子	電力・エネルギーシステム	発電設備、送電設備、配電設備、変電設備その他の発送配変電に関する事項 電気エネルギーの発生、輸送、消費に係るシステム計画、設備計画、施工計画、施工設備及び運営関連の設備・技術に関する事項
	電気応用	電気機器、アクチュエーター、パワーエレクトロニクス、電動力応用、電気鉄道、光源・照明及び静電気応用に関する事項 電気材料及び電気応用に係る材料に関する事項
	電子応用	高周波、超音波、光、電子ビームの応用機器、電子回路素子、電子デバイス及びその応用機器、コンピュータその他の電子応用に係るシステムに関する事項 計測・制御全般、遠隔制御、無線航法等のシステム及び電磁環境に関する事項 半導体材料その他の電子応用及び通信線材料に関する事項
	情報通信	有線、無線、光等を用いた情報通信（放送を含む。）の伝送基盤及び方式構成に関する事項 情報通信ネットワークの構成と制御（仮想化を含む。）、情報通信応用とセキュリティに関する事項 情報通信ネットワーク全般の計画、設計、構築、運用及び管理に関する事項
	電気設備	建築電気設備、施設電気設備、工場電気設備その他の電気設備に係るシステム計画、設備計画、施工計画、施工設備及び運営に関する事項
化学	無機化学及びセラミックス	水素、アンモニア等の無機化学製品、燃料電池、太陽電池、リチウムイオン電池を含む電気化学関連製品、ナノマテリアル、半導体材料、機能性セラミックス、バイオセラミックス、構造用ファインセラミックス、セメント、ガラス、陶磁器、耐火物、研磨材、無機繊維等の製造の方法、設備及び適用技術に関する事項
	有機化学及び燃料	有機重合中間体、界面活性剤、医薬、農薬、香粧品、色素、液晶、電導体等のファインケミカル製品、溶剤、塗料、糖類、繊維素、パルプ、紙、油脂、皮革、固体燃料、液体燃料、気体燃料及び潤滑油、その他の有機化学製品、その製造・加工の方法及び設備に関する事項（紡糸に関するものを除く。）並びに化学物質監理、毒性学、分析化学に関する事項
	高分子化学	合成樹脂、天然樹脂、ゴムその他の高分子製品の反応機構、特性、分析方法、製造工程及び成形加工の方法、用途、リサイクルの項目に関する事項（紡糸に関するものを除く。）
	化学プロセス	流動、伝熱、蒸留、吸収、抽出、晶析、膜分離、粉砕、ろ過、集じん、反応、燃焼その他の化学的処理、エネルギー変換に係る装置及びプロセスの計画、設計、解析及びその運営に関する事項

図表1.1　一般技術部門の選択科目と選択科目の内容（つづき）

技術部門	選択科目	選択科目の内容
繊維	紡糸・加工糸及び紡績・製布	衣料用、産業用（土木、車両、航空等）、医療用等の高性能、高機能、高感性繊維を含む紡糸の方法・設備及びその特性評価に関する事項 加工糸、紡績、編織、不織布及び皮革の製造方法・設備及びその特性評価に関する事項
	繊維加工及び二次製品	繊維及び繊維製品の精練、漂白、染色、仕上げ加工及びその他の機能性加工に関する方法・設備及びその特性評価（これらに用いる加工処理剤を含む。）に関する事項 アパレル・その他繊維二次製品の企画、設計、準備、縫製、成型、仕上げ、検査及び消費科学的評価の方法並びに設備に関する事項 繊維製品等の安全性評価、製造工程の省資源・省エネルギー化に関する事項
金属	金属材料・生産システム	金属材料の製造方法、設備及び管理技術並びに構造材料・機能材料等の材料・製品設計、複合化、材料試験、分析、組織観察その他の金属材料に関する事項
	表面技術	めっき、溶射、CVD（化学気相析出法）、PVD（物理蒸着被覆法）、防錆、洗浄、非金属被覆、金属防食その他の金属の表面技術に関する事項
	金属加工	鋳造、鍛造、塑性加工、溶接接合、熱処理、表面硬化、粉末焼結、微細加工その他の金属加工に関する事項
資源工学	資源の開発及び生産	金属鉱物、石炭、石灰岩、砕石等の地下資源の探査、評価及び採掘に関する技術的事項並びに生産システムのマネジメント及び環境保全に関する事項 石油、天然ガス等の液体地下資源の探査、評価及び採取に関する技術的事項並びに生産システムのマネジメント及び環境保全に関する事項
	資源循環及び環境浄化	資源処理及び廃棄物の再資源化のための物理選別及び湿式処理、廃棄物の適正処理に関する技術的事項及びマネジメントに関する事項 水環境、大気環境、土壌、地質環境の浄化に関する技術的事項及びマネジメントに関する事項

図表1.1 一般技術部門の選択科目と選択科目の内容（つづき）

技術部門	選択科目	選択科目の内容
建設	土質及び基礎	土質調査並びに地盤、土構造、基礎及び山留めの計画、設計、施工及び維持管理に関する事項
	鋼構造及びコンクリート	鋼構造、コンクリート構造及び複合構造の計画、設計、施工及び維持管理並びに鋼、コンクリートその他の建設材料に関する事項
	都市及び地方計画	国土計画、都市計画（土地利用、都市交通施設、公園緑地及び市街地整備を含む。）、地域計画その他の都市及び地方計画に関する事項
	河川、砂防及び海岸・海洋	治水・利水計画、治水・利水施設及び河川構造物の調査、設計、施工及び維持管理、河川情報、砂防その他の河川に関する事項 地すべり防止に関する事項 海岸保全計画、海岸施設・海岸及び海洋構造物の調査、設計、施工及び維持管理その他の海岸・海洋に関する事項 総合的な土砂管理に関する事項
	港湾及び空港	港湾計画、港湾施設・港湾構造物の調査、設計、施工及び維持管理その他の港湾に関する事項 空港計画、空港施設・空港構造物の調査、設計、施工及び維持管理その他の空港に関する事項
	電力土木	電源開発計画、電源開発施設、取放水及び水路構造物その他の電力土木に関する事項
	道路	道路計画、道路施設・道路構造物の調査、設計、施工及び維持管理・更新、道路情報その他の道路に関する事項
	鉄道	新幹線鉄道、普通鉄道、特殊鉄道等における計画、施設、構造物その他の鉄道に関する事項
	トンネル	トンネル、トンネル施設及び地中構造物の計画、調査、設計、施工及び維持管理・更新、トンネル工法その他のトンネルに関する事項
	施工計画、施工設備及び積算	施工計画、施工管理、維持管理・更新、施工設備・機械・建設ICTその他の施工に関する事項 積算及び建設マネジメントに関する事項
	建設環境	建設事業における自然環境及び生活環境の保全及び創出並びに環境影響評価に関する事項
上下水道	上水道及び工業用水道	上水道計画、工業用水道計画、水源環境、取水・導水、浄水、送配水、給水、水質管理、アセットマネジメントその他の上水道及び工業用水道に関する事項
	下水道	下水道計画、流域管理、下水収集・排除、下水処理、雨水管理、資源・エネルギー利用、アセットマネジメントその他の下水道に関する事項

図表1.1 一般技術部門の選択科目と選択科目の内容（つづき）

技術部門	選択科目	選択科目の内容
衛生工学	水質管理	水質の改善及び管理に関する試験、分析、測定、水処理その他の水質管理に関する事項
	廃棄物・資源循環	廃棄物・資源循環に係る調査、計画、収集運搬、中間処理、最終処分、運営管理、環境リスク制御、環境影響評価その他廃棄物・資源循環に関する事項
	建築物環境衛生管理	生活及び作業環境における冷房、暖房、換気、恒温、超高清浄その他の空気調和及び給排水衛生、照明、消火、音響その他の建築物環境衛生管理に関する事項
農業	畜産	家畜の改良繁殖、家畜バイオテクノロジー、家畜栄養、ペットの栄養、草地造成、飼料作物、家畜衛生、畜産環境整備、畜産加工、畜産経営その他の畜産に関する事項
	農業・食品	作物の栽培及び品種改良、園芸、肥培管理、肥料の品質、農業生産工程管理、調製、農業経営並びに食品化学、発酵、食品製造、生物化学、食品安全、食品流通その他の農業・食品に関する事項
	農業農村工学	かんがい排水施設、農地、農道、農地保全・防災施設及び農村環境施設に関する調査、計画、設計、施工、管理並びに農業農村整備に係る水利用、環境影響評価及び環境配慮に関する調査、計画、設計、実施その他の農業農村工学に関する事項
	農村地域・資源計画	農村における土地利用計画、営農計画、経済評価及び地域活性化計画並びに土壌、水、生物等の資源の保全・修復計画、未利用資源の再生利用計画及び鳥獣害対策その他の農村地域・資源計画に関する事項
	植物保護	病害虫防除、雑草防除、発生予察、診断、農薬その他の植物保護に関する事項
森林	林業・林産	森林計画及び森林管理、造林、林業生産その他の森林・林業に関する事項 木質材料・木質構造、林産化学、木質バイオマス、特用林産その他の林産に関する事項
	森林土木	治山、林道及び森林保全に関する調査・計画・設計・実施その他の森林土木に関する事項
	森林環境	森林地域及びその周辺の環境の保全及び創出並びに環境影響評価に関する事項
水産	水産資源及び水域環境	漁具、漁法、水産機器、漁船、漁港漁場利用、水棲生物の病理防疫及び遺伝子工学、資源管理その他の水産資源に関する事項 水産水域における水棲生物生息場の環境評価・保全・創出・修復及び利用その他の水産水域環境に関する事項
	水産食品及び流通	冷凍、冷蔵、缶詰、乾燥、ねり製品、飼餌（じ）料、食品化学、機能性油脂、廃棄物処理その他の水産食品に関する事項 食品衛生管理、HACCP（危害要因分析・重要管理点）、鮮度保持、水産物流システム、トレーサビリティその他の水産流通に関する事項
	水産土木	漁港計画、漁港施設、沿岸漁場計画、漁場施設、漁場環境、増養殖関連施設、飼育施設その他の水産土木に関する事項

図表1.1　一般技術部門の選択科目と選択科目の内容（つづき）

技術部門	選択科目	選択科目の内容
経営工学	生産・物流マネジメント	生産計画及び管理、品質マネジメント、物流（包装及び流通加工を含む。）、サプライチェーンマネジメント、生産のための情報システム、QCDES（品質、コスト、納期、環境、安全性）及び4M（人、物、設備、資金）の計画、管理及び改善に関する事項並びに数理・情報に関する事項
	サービスマネジメント	サービス提供の計画及び管理（プロセス設計及びシステム設計を含む。）、品質マネジメント、プロジェクトマネジメント、サービスのための情報システム、QCDES（品質、コスト、納期、環境、安全性）及び4M（人、物、設備、資金）の計画、管理及び改善に関する事項並びに数理・情報に関する事項
情報工学（注1）	コンピュータ工学	ディジタル論理、コンピュータのアーキテクチャ及び構成、回路設計、ディジタル信号処理、オペレーティングシステム、組込システム（設計、実装、評価、保守等）に関する事項
	ソフトウェア工学	要求工学、ソフトウェアのモデリング及び分析、ソフトウェアの設計、構築及び進化、テスト（理論、検証と確認、自動化等）、ソフトウェアプロセスと品質、ソフトウェアメトリクス、プロジェクトマネジメントに関する事項
	情報システム	システム理論、組織の課題及び解決、システムライフサイクル、情報システムの設計、情報システムの運営、データ管理及びデータベース、人とコンピュータのインタラクション、プログラムマネジメントに関する事項
	情報基盤	ネットワーク通信技術（伝送理論、暗号化等）、ネットワークとシステム管理、情報セキュリティ、システム統合技術、基盤の構築及びアーキテクチャ、ウェブシステム及び関連技術に関する事項
	注1：各選択科目には、コンピュータ科学（アルゴリズム、プログラミング、離散数学、確率統計）に関する事項を含む。	
応用理学	物理及び化学	力学、光学、電磁気学、熱物理学、原子・量子物理学、物理及び化学的計測、材料物性、レオロジ、化学分析、機器分析その他の物理及び化学の応用に関する事項
	地球物理及び地球化学	気象、地震、火山、地球電磁気、陸水、雪氷、海洋、大気、測地、物理探査、地化学探査その他の地球物理及び地球化学の応用に関する事項
	地質	土木地質（道路、鉄道、ダム、トンネル、地盤等）、資源地質（鉱物資源、燃料資源等）、斜面災害地質、環境地質（水理、水文、地下水等）、情報地質（リモートセンシング、地理情報システム等）、地熱及び温泉並びに防災、応用鉱物、古生物、遺跡調査その他の地質の応用に関する事項 物理探査、地化学探査、試すいその他の探査の応用地質学的解釈に関する事項

図表1.1　一般技術部門の選択科目と選択科目の内容（つづき）

技術部門	選択科目	選択科目の内容
生物工学	生物機能工学	遺伝子工学、オミクス解析、ゲノム工学、ゲノム創薬、細胞工学、食品機能工学、生殖工学、組織工学、タンパク質工学、糖鎖工学、バイオインフォマティクス、微生物・動植物細胞の探索技術、微生物・動植物細胞の育種技術、免疫工学その他の生物機能工学関連技術に関する事項
	生物プロセス工学	環境微生物利用技術、検査・診断技術、酵素工学、生体成分分析技術、生体成分分離・精製技術、生物材料工学、生物変換技術、代謝工学、ドラッグデリバリーシステム、ナノバイオテクノロジー、バイオセンサー、バイオプロセス設計・バリデーション、バイオポリマー・バイオプラスチック、バイオマス変換技術、バイオマテリアル、バイオリアクター、バイオレメディエーション、発酵工学、微生物・動植物細胞培養技術その他の生物プロセス工学関連技術に関する事項
環境	環境保全計画	環境の現状の解析及び将来変化の予測並びにこれらの評価、環境情報の収集、整理、分析及び表示その他の環境の保全及びその持続可能な利用に係る計画に関する事項（専ら一の技術部門に関するものを除く。）
	環境測定	環境測定計画、環境測定分析、環境監視並びに測定値の解析及び評価に関する事項
	自然環境保全	生態系及び風景並びにこれらを構成する野生動植物、地形、水その他の自然の保護、再生・修復、生物多様性保全・外来種対策に関する事項 自然教育、自然に親しむ利用及びそのための施設整備に関する事項（専ら一の技術部門に関するものを除く。）
	環境影響評価	事業の計画及び実施が環境に及ぼす影響の調査、予測及び評価並びに環境保全の措置の検討及び評価に関する事項（専ら一の技術部門に関するものを除く。）
原子力・放射線 （注2）	原子炉システム・施設	原子炉物理、原子炉及び原子力発電プラントの設計、製造、建設、運転管理及び保守検査並びに品質保証、安全性の確保・向上、高経年化対策、過酷事故対策、原子力防災、核セキュリティ、原子炉の廃止措置（過酷事故後の措置を含む。）、核融合炉その他の原子炉システム・施設に関する事項
	核燃料サイクル及び放射性廃棄物の処理・処分	核燃料の濃縮及び加工、使用済燃料の再処理、輸送及び貯蔵、放射性廃棄物の処理及び処分、保障措置、核セキュリティ、核燃料サイクルシステムの安全性の確保・向上、過酷事故対策及び廃止措置並びに原子炉の過酷事故後の燃料・放射性廃棄物の処理及び処分その他の核燃料サイクル及び放射性廃棄物の処理・処分に関する事項
	放射線防護及び利用	放射線の物理、化学及び生物影響、計測に関する事項 遮蔽、線量評価、放射性物質の取扱い、放射線の健康障害防止及び被曝低減その他の放射線防護に関する事項 工業利用、農業利用、医療利用、加速器その他の放射線利用に関する事項
	注2：各選択科目の内容には関連する法令・許認可に係る事項を含む。	

(3) 評価項目と技術士に求められる資質能力（コンピテンシー）の整合がとられた

筆記試験の各試験科目および口頭試験の試問事項が、「技術士に求められる資質能力（コンピテンシー）」の内容と整合したものとされた。その内容は図表1.2のとおりである。

図表1.2　技術士に求められる資質能力（コンピテンシー）

専門的学識	・技術士が専門とする技術分野（技術部門）の業務に必要な、技術部門全般にわたる専門知識及び選択科目に関する専門知識を理解し応用すること。 ・技術士の業務に必要な、我が国固有の法令等の制度及び社会・自然条件等に関する専門知識を理解し応用すること。
問題解決	・業務遂行上直面する複合的な問題に対して、これらの内容を明確にし、調査し、これらの背景に潜在する問題発生要因や制約要因を抽出し分析すること。 ・複合的な問題に関して、相反する要求事項（必要性、機能性、技術的実現性、安全性、経済性等）、それらによって及ぼされる影響の重要度を考慮した上で、複数の選択肢を提起し、これらを踏まえた解決策を合理的に提案し、又は改善すること。
マネジメント	・業務の計画・実行・検証・是正（変更）等の過程において、品質、コスト、納期及び生産性とリスク対応に関する要求事項、又は成果物（製品、システム、施設、プロジェクト、サービス等）に係る要求事項の特性（必要性、機能性、技術的実現性、安全性、経済性等）を満たすことを目的として、人員・設備・金銭・情報等の資源を配分すること。
評価	・業務遂行上の各段階における結果、最終的に得られる成果やその波及効果を評価し、次段階や別の業務の改善に資すること。
コミュニケーション	・業務履行上、口頭や文書等の方法を通じて、雇用者、上司や同僚、クライアントやユーザー等多様な関係者との間で、明確かつ効果的な意思疎通を行うこと。 ・海外における業務に携わる際は、一定の語学力による業務上必要な意思疎通に加え、現地の社会的文化的多様性を理解し関係者との間で可能な限り協調すること。
リーダーシップ	・業務遂行にあたり、明確なデザインと現場感覚を持ち、多様な関係者の利害等を調整し取りまとめることに努めること。 ・海外における業務に携わる際は、多様な価値観や能力を有する現地関係者とともに、プロジェクト等の事業や業務の遂行に努めること。
技術者倫理	・業務遂行にあたり、公衆の安全、健康及び福利を最優先に考慮した上で、社会、文化及び環境に対する影響を予見し、地球環境の保全等、次世代にわたる社会の持続性の確保に努め、技術士としての使命、社会的地位及び職責を自覚し、倫理的に行動すること。 ・業務履行上、関係法令等の制度が求めている事項を遵守すること。 ・業務履行上行う決定に際して、自らの業務及び責任の範囲を明確にし、これらの責任を負うこと。
継続研さん	・業務履行上必要な知見を深め、技術を修得し資質向上を図るように、十分な継続研さん（CPD）を行うこと。

　総合技術監理部門を除く一般技術部門を受験する場合、及び総合技術監理部門を選択科目免除で受験する場合には、太線で囲った内容が口頭試験で試問される。

3. 技術士までの道

　技術士となるためには、技術士とはどういった人をいうのかを知っておかなければならない。そして、技術士になるために通らなければならない多くの関門とその目的を十分理解しておく必要がある。

（1）技術士とは

　技術士とは、日本の科学技術分野における最高の国家資格である。それは、次のような資料に記載された内容からも明白である。

【技術士法による記載】
第2条（定義）
　この法律において「技術士」とは、第32条第1項の登録を受け、技術士の名称を用いて、科学技術（人文科学のみに係るものを除く。以下同じ。）に関する高等の専門的応用能力を必要とする事項についての計画、研究、設計、分析、試験、評価又はこれらに関する指導の業務（他の法律においてその業務を行うことが制限されている業務を除く。）を行う者をいう。

【公益社団法人日本技術士会『技術士制度について』での記載】
　「科学技術に関する技術的専門知識と高等の専門的応用能力及び豊富な実務経験を有し、公益を確保するため、高い技術者倫理を備えた、優れた技術者の育成」を図るための国による資格認定制度（文部科学省所管）です。

　このように、法律面だけではなく、社会的な認識としても、技術士は日本における科学技術分野での最高の国家資格となっており、技術士には業務上で

多くの業務権限が与えられているだけではなく、他の国家試験の試験科目免除などの特典も与えられている。その例として、上記『技術士制度について』で示されている内容の一部をここで転載すると、以下のとおりである。

(a) 有資格者として認められているもの

① 建設業法の一般建設業及び特定建設業における営業所の専任技術者等

② 建設コンサルタント又は地質調査業者として登録する専任の技術管理者

③ 公共下水道又は流域下水道の設計又は工事の監督監理を行う者

④ 鉄道事業法の鉄道事業における設計管理者

⑤ 中小企業支援法による中小企業・ベンチャー総合支援事業派遣専門家

その他、多数あり

(b) 資格試験の一部又は全部を免除されているもの

① 廃棄物処理施設技術管理者

② 労働安全・衛生コンサルタント

③ 作業環境測定士

④ 一級施工管理技士（土木、電気工事、管工事、造園）

⑤ 土地区画整理士

⑥ 弁理士

⑦ 消防設備士

⑧ 気象予報士

その他あり

(2) 技術士になるためのステップ

技術士のような高度な国家資格の場合には、国際的には二段階選抜方式が一般的とされており、技術士試験制度も平成13年度試験からは二段階選抜形式の試験制度になっている。そのため、技術士となるには**図表1.3**に示すようなステップを経なければならない。

このように、最初の関門は修習技術者となるための関門である。修習技術者となるための道は現在2つあり、技術士第一次試験を受験して合格するか、大

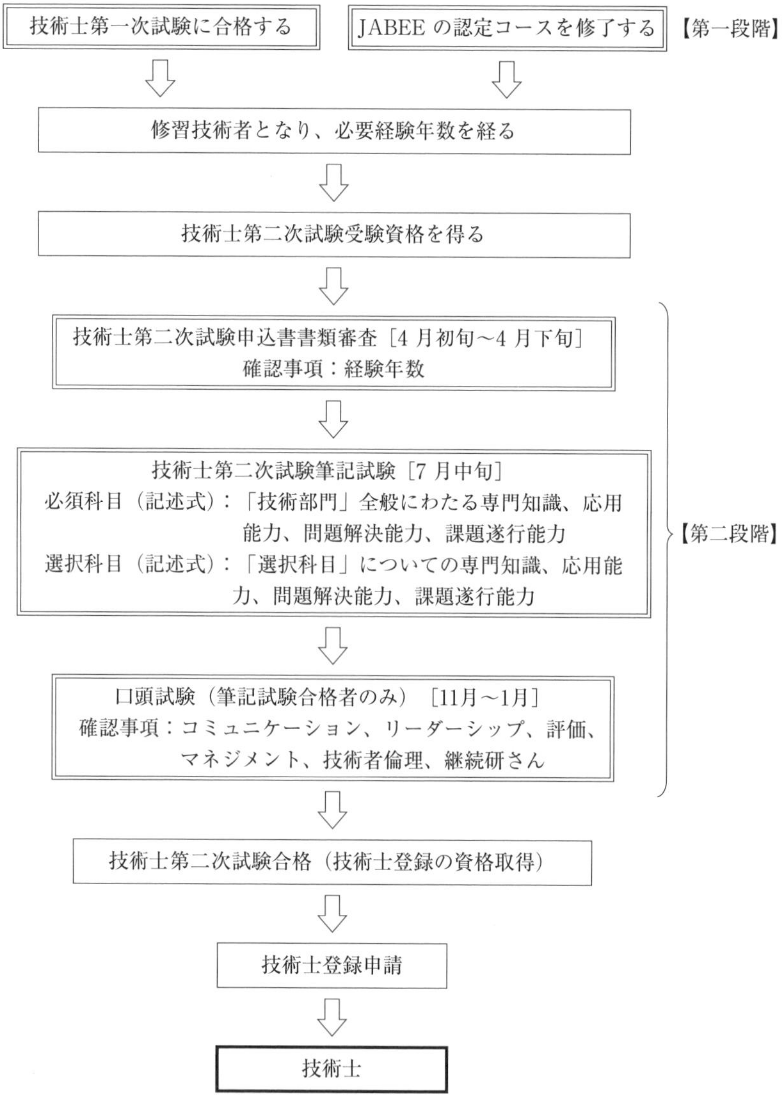

| 技術士第一次試験に合格する | JABEE の認定コースを修了する | 【第一段階】 |

⇩　　　⇩

修習技術者となり、必要経験年数を経る

⇩

技術士第二次試験受験資格を得る

⇩

技術士第二次試験申込書書類審査［4 月初旬～4 月下旬］
確認事項：経験年数

⇩

技術士第二次試験筆記試験［7 月中旬］
必須科目（記述式）：「技術部門」全般にわたる専門知識、応用
　　　　　　　　　能力、問題解決能力、課題遂行能力
選択科目（記述式）：「選択科目」についての専門知識、応用能
　　　　　　　　　力、問題解決能力、課題遂行能力

【第二段階】

⇩

口頭試験（筆記試験合格者のみ）［11月～1月］
確認事項：コミュニケーション、リーダーシップ、評価、
　　　　マネジメント、技術者倫理、継続研さん

⇩

技術士第二次試験合格（技術士登録の資格取得）

⇩

技術士登録申請

⇩

技術士

注：□は関門を示す。

※　令和2年度試験は、新型コロナウィルスの感染症対策のため筆記試験は
　9月に実施されるとともに、口頭試験は令和3年2月上旬から3月中旬に
　実施された。

図表1.3　技術士までのステップ

学等においてJABEEの認定コースを修了していなければならないが、技術士を目指す人が所属していた当時の大学等の専門課程がJABEEから認定を受けていなければ、必然的に技術士第一次試験に合格する道しかないことになる。JABEE認定者の受験者数は年々増えてきてはいるものの、現在のところ、技術士第二次試験受験者の多くは技術士第一次試験の合格者というのが実情である。

　次に、技術士第二次試験を受験するためには、経験年数の条件をクリアしなければならない。受験条件には3つの種類があり、選択した受験資格によって受験に必要な経験年数は違うが、4年～7年の実務経験年数を必要とする。そういった点から、初めて技術士第二次試験が受験できるようになるまでには、最低でも4年は準備期間がかかるわけである。なお、筆記試験に合格するために必要な準備としては、専門知識、応用能力、問題解決能力、課題遂行能力に関する試験を突破できるだけの知識と能力を磨く練習をしておかなければならないのは言うまでもない。

　筆記試験を突破できた受験者にとって最後の関門となるのが、技術士第二次試験の口頭試験である。本書を手にされた方は、これまでの長い期間を最高の技術者を目指して努力を重ねてきた方々のはずである。その証明が、技術士第二次試験の筆記試験の突破という成果で現れる。最後に残された口頭試験の関門は、受験する「選択科目」によって試問方法に多少の違いがあるが、「技術士に求められる資質能力（コンピテンシー）」に基づいて試問が行われるので、それに対応できるように準備しておく必要がある。口頭試験のような試験では、精神面の影響が結果を大きく左右するので、試験内容を理解しているかどうかは重要な要素となる。特に、現在の試験制度では、口頭試験で試験委員が参考にする資料を、技術士第二次試験申込書提出時に作成して提出するという方式が採られている。そういった点で、受験申込書作成時点でどれだけ準備ができていたかで、筆記試験合格後に準備する内容が違ってくる。そういった点を第2章では詳しく説明する。

　ここで忘れてはならない点として、技術士には高等な専門的応用能力を有していることが求められるので、試験方法がどのように変わっても、その点を試験委員が確認するという基本的な姿勢は変わらない。技術士としての能力があると評価してもらうためには、高等な専門的応用能力を必要とする業務を、

実際に技術士第二次試験前までに自ら経験していなければならない。それは、単にマニュアルどおり業務をこなしているようなマニュアル技術者（＝技能者）や、人間的な成長を日ごろ模索していない技術屋でいる限りは、いくら経験年数だけを重ねていっても、試験委員に評価される業務経験がないため、合格は永遠に勝ち取れない。マネジメント、コミュニケーション、リーダーシップを発揮した業務であることを、口頭試験で用いられる『業務内容の詳細』の試問の際に示せるかどうかが、技術士第二次試験の中で最も高い障壁である点は変わっていないと考えなければならない。

　一方、令和2年度の口頭試験では「筆記試験における記述式問題の答案及び業務経歴を踏まえ実施する」としており、受験申込書に記載した『業務内容の詳細』や業務経歴が口頭試験の重要な資料となるだけではなく、筆記試験の中で出題された答案が口頭試験で用いられる場合がある。これまでの口頭試験を鑑みると、限られた試験時間という制約もあり『問題解決能力及び課題遂行能力に関するもの』についての試問が多い。そのため、すべての答案の再現は必要であるものの、とりわけ必須科目（Ｉ）と選択科目（Ⅲ）については、筆記試験で解答した内容の再現などの十分な準備が必要となる。そういった点を認識して、どういった時期に何を準備しなければならないかを知ってもらいたい。

　なお、技術士になれると期待される最後の口頭試験で受験者が不合格となると、そのショックは思った以上に大きなものであることを、ここで認識してもらいたい。他の資格試験などで実施されているように、不合格者は翌年に口頭試験だけを受験すれば良いという制度は技術士試験では採用されていない。そのため、翌年は筆記試験からの再出発となる。これまでに四半世紀を超える期間、技術士試験の個人指導をしてきた経験から、指導した受験者の中には口頭試験で失敗した人もいるが、そういった受験者のショックは非常に大きく、立ち直るまでに相当な時間がかかる人が多かった。中には翌年以降の筆記試験に合格できず、最終的には技術士第二次試験の受験をあきらめた受験者もいる。そうならないためには、技術士第二次試験で最後の関門である口頭試験を無難に乗り切るための準備に、相当な時間が必要である点を認識しておくことが大切である。そういった準備のポイントを示すのが本書の目的である。

4. 口頭試験の概要

　この項目では、これから皆さんが受験する口頭試験の概要を確認しておく。口頭試験は、筆記試験が終了して4か月以上経った時期に実施されるが、そこで試験される内容や、その難易度について理解しておかなければ、この試験を突破することはできない。

（1）試験日程

　筆記試験の合格発表は10月下旬であり、口頭試験は11月下旬から翌年の1月下旬までの期間中に指定される1日に実施される。口頭試験の日時は受験者個別に決められるが、その受験日は口頭試験を担当する試験委員の都合によって一方的に決定される。口頭試験受験者に通知された試験日はどんな理由であろうと変更はできないため、決められた日に合わせて計画を立てる必要がある。どうしても出席できなくなった場合には欠席扱いとなり不合格が確定する。また、試験会場は東京だけであるため、地方在住者は上京して口頭試験を受験しなければならないので、そのための事前準備も必要となる。

　ここで、日程をよりわかりやすくするために、令和2年度試験における当初の筆記試験以降の想定日程をフロー図で示すと、**図表1.4**のようになる（令和2年度試験は新型コロナウィルスの影響で実際の筆記試験は9月に順延となっている）。

　このスケジュールで重要なのは、内容が記載されていない2重線で囲った期間（7月13日～10月下旬）である。ここで何をしたかが、口頭試験の結果を左右するといっても過言ではない。言い換えると、この期間にどれだけ口頭試験の準備をしているかが、技術士になれるかどうかを決めるということである。

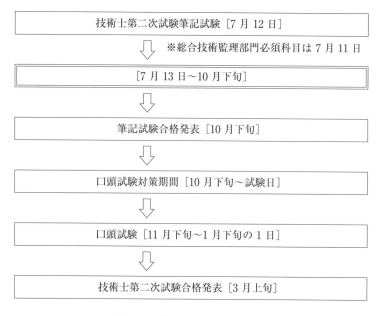

技術士第二次試験筆記試験［7月12日］

※総合技術監理部門必須科目は7月11日

［7月13日～10月下旬］

筆記試験合格発表［10月下旬］

口頭試験対策期間［10月下旬～試験日］

口頭試験［11月下旬～1月下旬の1日］

技術士第二次試験合格発表［3月上旬］

図表1.4　筆記試験以降の想定日程

（2）口頭試験の形式

　口頭試験は、受験者一人ひとりに対して割り当てられた指定日・指定時間内に、個別の面接試問形式で実施される。試験委員が2名の技術部門・選択科目が大勢となっているが、いくつかの技術部門・選択科目では3名の試験委員体制で口頭試験が実施されている（過去には4名の体制で実施されたこともある）。試問時間は20分間で、場合によっては10分間の延長ができるとされている。当然、延長された場合には、口頭試験の最初の20分で評価が良くなかったということを意味する。もちろん、予定どおり20分間で終わった場合には良い評価をされたという意味ではなく、合格の評価を受けたか、逆にとても合格レベルにないと判断された場合である。一方、10分間延長される場合とは、20分間で試験委員が合否を判断できずに時間が経ってしまった場合と考えなければならない。そのため、延長されたなと感じた場合には、正念場を迎えていると強く自覚する必要がある。そうなった理由を考える余裕はとても受験者にはないであろうが、基本的に問題とされるのは、最初に試問される『業務内容の

詳細』を含めた「技術士としての実務能力」の部分である。そのため、ここが長くなっているはずであり、通常は「技術士としての適格性」で質問される「技術者倫理」の質問がされない場合には、延長される可能性が高くなったと考えて、答え方に工夫を加える必要がある。とにかく、口頭試験は最初の10分間が勝負である点は試験室に入る前に肝に銘じておく必要がある。

(3) 試問事項と合格基準の変更点

技術士試験の合否判定はすべての試験で科目合格制が採用されているが、口頭試験も同様に科目合格制となっている。総合技術監理部門以外の技術部門の口頭試験の試験科目は、令和元年度試験からは**図表1.5**に示す4つの試問事項となっている。

図表1.5　令和元年度以降の口頭試験内容（総合技術監理部門以外）

大項目	試問事項	合格基準	試問時間
Ⅰ　技術士としての実務能力	①　コミュニケーション、リーダーシップ	60％以上	20分＋10分程度の延長可
	②　評価、マネジメント	60％以上	
Ⅱ　技術士としての適格性	③　技術者倫理	60％以上	
	④　継続研さん	60％以上	

特徴的なのは、図表1.2の「技術士に求められる資質能力（コンピテンシー）」に示された内容から、「専門的学識」と「問題解決」を除いた項目が試問事項とされている点である。なお、前述したように技術士試験の合否判定は、すべての試験で科目合格制が採用されているので、口頭試験も同様に科目合格制となる。令和元年度試験からは、第Ⅰ項が「技術士としての実務能力」となり、試問事項が、「コミュニケーション、リーダーシップ」と「評価、マネジメント」の2つに分けられている。これまでの口頭試験の流れから考えると、最初に「業務内容の詳細」または「業務内容の詳細」を含めた業務経歴の中から、リーダーシップやコミュニケーション能力を発揮した業務や、マネジメントで顕著な実績を上げた業務に関する体験例を回答させる試問がなされている。それに加えて、「業務内容の詳細」の成果に対する再評価あるいは、必須科目

（Ⅰ）や選択科目（Ⅲ）の答案に関する追加の試問などが行われる。

　一方、第Ⅱ項は「技術士としての適格性」となっており、「技術者倫理」と「継続研さん」に関する試問がなされている。なお、平成30年度試験以前でも、第Ⅱ項で「技術者倫理」と「継続研さん」が試問されていたので、『技術士としての適格性』として試問される項目としては、大きな変更はなされていない。

　このように、4つの試問事項の内容すべてが60％以上と判定されれば口頭試験に合格するが、1つの試問事項でも60％未満と判定されると、そこで不合格が決定されるので、気を抜かずに個々の試問事項に対応しなければならない。

　なお、総合技術監理部門の受験者に対する試験科目も変化しており、図表1.6に示すような内容となっている。

図表1.6　令和元年度以降の口頭試験内容（総合技術監理部門）

大項目	試問事項		合格基準	試問時間
Ⅰ　必須科目に対応				
1　「総合技術監理部門」の必須科目に関する技術士として必要な専門知識及び応用能力	①	経歴及び応用能力	60％以上	20分+10分程度延長可
	②	体系的専門知識	60％以上	
Ⅱ　選択科目に対応				
1　技術士としての実務能力	①	コミュニケーション、リーダーシップ	60％以上	20分+10分程度延長可
	②	評価、マネジメント	60％以上	
2　技術士としての適格性	③	技術者倫理	60％以上	
	④	継続研さん	60％以上	

　なお、実際の試験では、ほとんどの受験者がすでに技術士となっている技術部門に相応する総合技術監理部門の選択科目を受験しているので、『Ⅰ　必須科目に対応』の項目についての試問内容になる。この場合に試問される内容は、総合技術監理の視点で行われることを認識しておかなければならない。また、総合技術監理部門の場合には、筆記試験で記述した「必須科目」の解答内容に関する追加質問が多く行われているため、筆記試験後の準備が重要となる点は強く認識してもらいたい。しかも、試問されるポイントが、記述されていない

管理項目である場合もあるので、単に必須科目で記述した内容を再現するだけにとどまらず、違った視点や内容的に弱いと考える部分の補足を考えておく必要がある。

(4) 口頭試験の合格率の現状

令和元年度試験からは試問される事項が変更されただけでなく、選択科目の統廃合が行われている技術部門もあるので、過去の合格率で参考となるのは、令和元年度試験以降の結果となる。令和元年度試験の合格率を示したものが図表1.7である。図表1.7では、技術部門だけではなく、筆記試験受験者数が100名を超える選択科目の結果も併せて示しているので、参考にしてもらいたい。

図表1.7　令和元年度口頭試験合格率（一般技術部門）

技術部門　選択科目	令和元年度試験			
	筆記試験受験者（人）	口頭試験受験者（人）	口頭試験合格者（人）	口頭試験合格率（%）
機械	980	251	190	75.7
機械設計	283	77	63	81.8
材料強度・信頼性	174	50	33	66.0
機構ダイナミクス・制御	173	42	28	66.7
熱・動力エネルギー機器	150	38	32	84.2
流体機器	118	18	15	83.3
船舶・海洋	10	4	3	75.0
航空・宇宙	57	9	8	88.9
電気電子	1,229	170	150	88.2
電力・エネルギーシステム	176	32	31	96.9
電気応用	169	18	17	94.4
電子応用	132	13	13	100.0
情報通信	313	48	33	68.8
電気設備	439	59	56	94.9
化学	135	30	29	96.7
繊維	39	8	8	100.0
金属	76	26	25	96.2
資源工学	21	7	5	71.4

図表1.7　令和元年度口頭試験合格率（一般技術部門）（つづき）

技術部門 選択科目	令和元年度試験			
	筆記試験 受験者（人）	口頭試験 受験者（人）	口頭試験 合格者（人）	口頭試験 合格率（％）
建設	13,546	1,428	1,278	89.5
土質及び基礎	1,036	82	78	95.1
鋼構造及びコンクリート	2,611	180	159	88.3
都市及び地方計画	1,046	161	150	93.2
河川、砂防及び海洋・海岸	1,945	202	197	97.5
港湾及び空港	424	41	36	87.8
電力土木	126	7	7	100.0
道　路	2,301	370	291	78.6
鉄　道	637	63	58	92.1
トンネル	456	54	50	92.6
施工計画、施工設備及び積算	2,240	167	161	96.4
建設環境	724	101	91	90.1
上下水道	1,446	191	173	90.6
上水道及び工業用水道	637	80	68	85.0
下水道	809	111	105	94.6
衛生工学	558	48	45	93.8
廃棄物・資源循環	259	16	13	81.3
建築物環境衛生管理	245	23	23	100.0
農業	796	90	86	95.6
農業農村工学	659	60	59	98.3
森林	266	59	57	96.6
森林土木	161	40	38	95.0
水産	126	24	19	79.2
経営工学	258	38	36	94.7
生産・物流マネジメント	141	15	15	100.0
サービスマネジメント	117	23	21	91.3
情報工学	408	38	30	78.9
ソフトウェア工学	128	7	6	85.7
情報システム・データ工学	134	21	18	85.7
応用理学	576	89	82	92.1
地質	487	73	66	90.4
生物工学	38	16	10	62.5
環境	493	87	78	89.7
環境保全計画	141	17	17	100.0
環境測定	128	17	14	82.4
自然環境保全	152	28	26	92.9
原子力・放射線	88	18	17	94.4
合　　計	21,146	2,631	2,329	88.5

　図表1.7を見てわかるとおり、技術士第二次試験全体では合格率が90％弱となっているが、特定の技術部門・選択科目では70％弱の厳しい結果となっているところもある。また、技術部門全体を見ると全技術部門全体の合格率平均に近いものの、選択科目別に見ると、著しく合格率が低い選択科目が中に含まれているという技術部門もある。基本的に、技術士試験は技術部門の独立性が保たれており、その技術部門の中でも選択科目での独立性もある。そのため、受験者が受験している技術部門・選択科目の特性を知って、十分な準備をしていかなければならない。

　一方、総合技術監理部門の受験者のほとんどは、総合技術監理部門以外の技術部門の技術士にすでになっている人なので、一度は口頭試験に合格した人である。しかし、全体的な合格率をみると、総合技術監理部門以外の技術部門の口頭試験合格率とあまり変わらない傾向をこれまで示している。また、受験者数が数人という選択科目が多くあるので、そういった選択科目では100％や0％という極端な合格率の変動が現れるのは致し方ない。一方、受験者が多い建設系の選択科目などでは、総合技術監理部門以外の技術部門と比べると、試験年度による合格率の変動が少ないようであるが、そういったところでは総合的な合格率に近い数字で安定している。このような実態から、口頭試験の経験者であるからという安易な判断で、総合技術監理部門の口頭試験を甘く見ることがないようにしなければならない。

5.　口頭試験の目的

　口頭試験は、受験者が技術士となるのにふさわしいかどうかの資質を試す試験である。もっとわかりやすい説明をすると、企業がコンサルタントを採用する試験をイメージしてみると良いであろう。企業が、自社内にはいない技術知識を持った人をコンサルタントとして採用しようとする際に、その技術的な資質は筆記試験のような記述式試験で試すか、または公表されている発表論文等で確認する。それが技術士第二次試験では筆記試験に当たる。次に、通常ではそこで一次選抜された候補者を自ら面接して資質の面で問題ないかを試すのが普通である。その際には、その場での態度や基本的な姿勢を問われることになるが、特に最近では技術者の倫理観が求められているため、技術者倫理についての確認が不可欠となっている。さらに、マネジメント能力に加えてリーダーシップも重要な要素となるのは間違いない。加えて、専門分野が違う人たちにわかるように説明できるコミュニケーション能力がなければ、いくら知識があったとしても、それを自社内で有効に活用することはできない。そういった能力が、口頭試験の中で試される。

　口頭試験は、そういった目的で行われる試験であるため、各試問事項の試問目的は次ページの図表1.8のように考えると良いであろう。

　このような目的でそれぞれの試問が行われるので、口頭試験は、受験者が職業人技術者として高度な能力を本当に持っているかの最終確認を行う試験であると言い換えることができる。

図表1.8　試問事項と試問の目的

試問事項	試問の目的
①コミュニケーション、リーダーシップ	『業務内容の詳細』で指導力や効果的な意思疎通能力を発揮した内容を確認する補足説明を求める。または、受験者の業務経歴の中で、コミュニケーション能力やリーダーシップを発揮した業務のポイントを受験者にアピールしてもらう試問を行う。
②評価、マネジメント	『業務内容の詳細』を使って現在の再評価や今後の改善点などを確認する。または、筆記試験の答案（問題解決能力・課題遂行能力を問うもの）に対する再評価を回答させる。 実務経験の中で、これまでに受験者がマネジメント能力を発揮したと考えるものの内容を回答してもらう。
③技術者倫理	職業人としての技術者倫理観の有無を確認する。 技術士制度（法）についての認識を確認する。
④継続研さん	継続教育に対する認識の有無を確認する。 若手の指導方法について確認する。

6. 受験申込書の作成

　受験申込書は、大きく2つの内容から構成されている。『技術士第二次試験受験申込書』は、他の試験と同様に、受験を申し込む人の個人データや技術部門・選択科目・専門とする事項などの情報、および受験資格等を記載する部分である。いわゆる、事務的な内容を記載する部分であり、ここは、正確に情報を記載すれば良いので、他の試験申込書と変わりがないと考えてもらいたい。

　問題なのは『実務経験証明書』である。これは、受験資格条件に規定されている年数の経歴があるかどうかを証明する目的で用いられるだけではなく、口頭試験で試験委員が受験者の経歴を確認し、コミュニケーション、リーダーシップ、マネジメント能力を発揮した業務があるかを確認するために用いられる。口頭試験で最も重要となるのは、『実務経験証明書』の下部に設けられた『業務内容の詳細』のスペースである。この『業務内容の詳細』に記載した内容が、口頭試験で試問される。ここを受験申込書作成時点でどれだけ充実させていたかが、口頭試験の合否に大きく影響する。なお、『業務内容の詳細』に記載する業務がどれであるかは、業務経歴の記載行の左端の「詳細」欄にマークするようになっている。

7. 「技術的体験論文」と
　　『業務内容の詳細』

　平成24年度試験まで口頭試験の重要な資料となっていた「技術的体験論文」は平成25年度試験から廃止され、その代わりに受験申込書の『業務内容の詳細』に書かれた内容をもとに口頭試験が行われる。そのため、『業務内容の詳細』を書き出す前に、ここで、これらの違いを確認しておく。

(1)「技術的体験論文」

　平成24年度までの試験で、技術的体験論文の内容として記載するよう求められていたのは、下記の内容である。
（a）総合技術監理部門以外の技術部門
① あなたの立場と役割
② 業務を進める上での課題及び問題点
③ あなたが行った技術的提案
④ 技術的成果
⑤ 現時点での技術的評価及び今後の展望
（b）総合技術監理部門（総合技術監理部門の必須科目）
① あなたの立場と役割
② 業務を進める上での課題及び問題点
③ あなたが行ったもしくは行うべきだったと考えている総合技術監理の視点からの提案
④ 総合技術監理の視点からみた提案の成果
⑤ 総合技術監理の視点から見て今後の改善が必要と思われること

　これらの中で重要となるのは、「総合技術監理部門以外の技術部門」では、③項の「あなたが行った技術的提案」と④項の「技術的成果」になり、「総合技術監理部門」では、③項の「あなたが行ったもしくは行うべきだったと考え

ている総合技術監理の視点からの提案」と④項の「総合技術監理の視点からみた提案の成果」である。それらを示すために、②項の「業務を進める上での課題及び問題点」があり、成果を強調するために、⑤項の「現時点での技術的評価及び今後の展望」（総合技術監理部門以外の技術部門）や⑤項の「総合技術監理の視点から見て今後の改善が必要と思われること」（総合技術監理部門）があったのである。また、記載する文字数は2例の略記文を含めて3,000字であったため、効率良くこの③項と④項2つの内容を説明するために、通常は図や表を作成する受験者が大半であった。

(2)『業務内容の詳細』

『業務内容の詳細』については、あくまでも業務経歴としての内容を求めており、上の業務経歴の欄に「従事期間」や「地位・職名」を記載しているので、これらの記載は必要ないことがわかる。そのため、『業務内容の詳細』では、先の (1) 項に示した、「技術的体験論文」①項の「あなたの立場と役割」や④項の「技術的成果」（総合技術監理部門以外の技術部門）または④項の「総合技術監理の視点からみた提案の成果」（総合技術監理部門）を記載することが求められる。成果を示すためには、③項の「あなたが行った技術的提案」（総合技術監理部門以外の技術部門）または③項の「あなたが行ったもしくは行うべきだったと考えている総合技術監理の視点からの提案」（総合技術監理部門）についても触れなければならない。また、令和元年度からは口頭試験の評価項目に『評価』が加えられたことから、⑤項の「現時点での技術的評価及び今後の展望」（総合技術監理部門以外の技術部門）や⑤項の「総合技術監理の視点から見て今後の改善が必要と思われること」（総合技術監理部門）も、可能な範囲で記載する必要がある。『業務内容の詳細』に記載できる文字数は720字以内とされているため、以上に述べた内容を少ない文字数で的確に示さなければならないが、それはそんなに簡単ではない。そういった文字数制限を含めて、口頭試験で何を説明するのかわかりやすくするためには、業務経歴の「業務内容」の記載に工夫をこらす必要がある。具体的には、業務経歴欄の「業務内容」に記載する内容の形式は、『業務内容の詳細』に示している業務成果のタイトルと考えて記載内容を検討する姿勢が重要となる。こういった状況を理解して

受験申込書を作成していない場合には、口頭試験の試問内容や口頭試験前に準備する事項が大きく変わってくる。

　なお、勘違いしてはいけないのは、あくまでも「技術的体験論文」は平成25年度試験で廃止されたのであって、その内容を、まるまる受験申込書の『業務内容の詳細』に置き換えたのではない点である。しかし、口頭試験の資料として用いられる点は同様であるので、口頭試験を想定した内容を記載しなければならない。具体的には、技術士第二次試験で評価しようとしている「専門的応用能力（コミュニケーション、リーダーシップ、マネジメント）を発揮した業務」である点を説明する文章でなければならないということである。もっとわかりやすく言い換えると、技術者として工夫を要する業務の経験があるという点を試験委員が認識できる内容を示すのである。その内容レベルが、口頭試験の試問事項である、「技術士としての実務能力」として評価されるのである。

8.　口頭試験までの準備

　平成30年度試験までの筆記試験の選択科目（Ⅱ及びⅢ）の内容は、比較的記述しやすい事項を扱った問題が出題されていたので、試験準備がある程度できていれば、良い結果が得られた。令和元年度試験からは、それに必須科目（Ⅰ）の記述式問題が加わったので、その評価が大きなポイントとなる。そういった点で、自己採点の評価が難しくはなるが、合格の可能性を感じたら、筆記試験終了後の早い時期に口頭試験の準備を始める必要がある。

（1）筆記試験内容の再現

　口頭試験では、筆記試験で出題された記述式問題の中から、「問題解決能力問題及び課題遂行能力問題」（必須科目（Ⅰ）及び選択科目（Ⅲ））の内容が口頭試験で問われる場合がある。そのため、自分が記述式問題で解答した内容を口頭試験前に再現しておく必要がある。しかし、筆記試験が終了して3か月も経った時点で、自分が記述式問題で解答した内容を再現するというのは無理である。そういった理由から、筆記試験終了後の早い時期に、解答した内容を再現しておく必要がある。

　では、どういった内容が口頭試験で試問されるのであろうか。

　まず、「問題解決能力問題及び課題遂行能力問題」（必須科目（Ⅰ）及び選択科目（Ⅲ））で記載した内容について、問題の抽出が適切であったかどうかを再度確認する必要がある。さらに問題解決の方法は1つではなく複数考えられる場合が多いので、別の視点での解決策について検証しておく必要がある。場合によっては、解決能力に対する考え方に試験委員が異論を持っている場合もあるので、そういった際には、受験者が選んだ解決策の弱点をついた試問がなされる可能性もある。その場合には、ディベートに発展する危険性があるので十分に注意して回答する必要がある。最悪な結果としては、試験委員と議論になりその態度が問題とされる。試験委員と議論した結果、口頭試験に不合格と

なった受験者の例はこれまで多く報告されている。あくまでも、技術士は顧客の意見も聞き、認めるところは認め、誤った点は的確に指摘するという姿勢が必要である。実際の業務においては、複数の意見が出てまとまらないという場合が多く存在しているので、それをまとめるためには詳細な検討が必要となる。そういった現実を考慮して、ここは顧客からの意見を拝聴するという形で議論を収める精神的余裕を持てるようになってもらいたい。議論が伯仲していったとしても、受験者には何のメリットもなく、大人の対応をすることにより、技術士としての資質があるという評価を受けるという点を認識して対応すべきである。そういった試問に対しては、事前にどれだけ想定問答を練習していたかが大きな違いとなって現れてくる。

　また、「問題解決能力問題及び課題遂行能力問題」（必須科目（Ⅰ）及び選択科目（Ⅲ））については、実際に困難が伴う業務を、どう遂行していくのかという点での試問がなされるわけであるが、その回答の仕方によって異論が多く存在する可能性が高いといえる。そういった点で、試験委員が思いがけない視点で試問してくる可能性もあるので、事前に考えられる試問に対する対策を講じておく必要がある。

　解答した問題に対して事前に想定問答をするためには、記憶が残っている時期に解答した問題の答案を再現しておくことが重要となる。しかも、これらの内容は、口頭試験の試問事項のⅠ項である「技術士としての実務能力」で問われるので、口頭試験の前半で試問されると考えられる。そのため、ここで失敗すると、それがその後の試問に悪い影響を及ぼす可能性がある。

(2)『業務内容の詳細』についての想定問答

　筆記試験終了後に解答した答案の再現が済んだら、取り掛かりたいのは『業務内容の詳細』に記載した内容の見直しである。これまでも、技術士第二次試験では、受験申込書のコピーを提出前に取っておくことが常識とされていたので、受験者は当然コピーを保管しているはずである。その内容を見直して、どういった点が、自分が技術士になるのにふさわしい経験をしたと主張できるのかを検討しておく必要がある。もちろん、これは筆記試験合格発表後でも間に合うので慌てることはないが、受験者の中には、『業務内容の詳細』を簡単な

説明文で済ませている人も少なくないと考えられる。そういった人は、提出した内容の修正はできないので、提出してある内容を補足する観点から、自分の経験が技術士にふさわしいという点を説明するプロセスを作っていくしかない。中には相当苦しい説明になる場合があるかもしれないが、あくまでも口頭試験の評価は、口頭試験会場における受験者の発言や態度によって決まるので、最後まであきらめずに試験委員に納得してもらえる説明プロセスを構築することが大切である。この内容は、口頭試験の試問事項のⅠ項である「技術士としての実務能力」で問われるものであり、「技術的体験論文」に代わるものと考えると、口頭試験の早い時間に試問される内容と考えておく必要がある。ただし、令和元年度試験の例では、過去の業務全体を対象に、「コミュニケーション」、「リーダーシップ」、「マネジメント」の点で、能力を発揮した例を挙げるよう指示したのちに、『業務内容の詳細』に関する試問を行っている例もあることから、固定した概念で臨むのではなく、試験委員からの試問に、フレキシブルに対応する姿勢が求められるようになっている。少なくとも、口頭試験の最初の段階で失敗すると、精神的にあせりがでてしまうので、ここは無難にスタートできるようしっかりと準備をしておく必要がある。

(3) その他の準備

　口頭試験で最も大きな鬼門は、Ⅰ項の「技術士としての実務能力」である。一方、Ⅱ項の「技術士としての適格性」は、平成30年度試験までに出題されていた「技術者倫理」と「継続研さん」と同じ内容である。そのため、この項目に対しては試問例が多くあるので、十分に準備が行える。技術士法や制度に関する内容は、令和元年度試験から、「技術士としての適格性」の中で試問されている。技術士法の内容に関しては、技術士法の目的や技術士の義務などの暗記をしなければならない条文もあるので、口頭試験日が近くなったら、集中して暗記する必要がある。それ自体は限定的な内容であるので量的な問題はないが、この試問に関して1つでも回答できないものがあると致命傷になる可能性があるので、それなりの時間を割いて確実に記憶しておく必要がある。

9. 口頭試験の流れ

　口頭試験は、多くの受験者が1つの部屋に集まって行われる筆記試験とは違って、受験者個人対複数の試験委員という関係の中、個室で行われる試験であるので、その詳細はあまり知られていない。そのため、口頭試験を受験した後に、口頭試験がどういった形で進められるかは受験者同士の口コミで伝わっている程度である。以下では、実際の口頭試験会場で行われている手順をもとに、受験者から見た試験の流れに沿って口頭試験の進め方を確認していく。

（1）口頭試験会場での受付

　技術士試験の口頭試験には遅刻という扱いはなく、遅刻すると受験できなくなるので、それを考慮して試験会場の最寄り駅には早めに到着するようにしておかなければならない。しかし、あまり早く受付を済ませてしまうと、控室での待ち時間が長くなってしまい、その雰囲気でかえってあがってしまう危険性がある。そのため、指定された試験開始時間の30分前を目安に受付を済ませるのが頃合と考えると良いであろう。その目安で試験会場に到着すると、1階の案内板に受付の場所が掲示されているので、その指定階（場所）へ行って、受付に受験票を提出する。受付係の人が受験する技術部門や選択科目を確認して控室を受験者に教えてくれる。その際に口頭試験の注意書きをもらうので、その内容を控室でじっくり読んで確認する。注意書きには受験者の試験室や試問時間とともに、試験室の配置図も示されているので、試験室の場所もしっかりと確認しておかなければならない。

　控室に入ると、通常は数人の受験者が待機している。しかし、同じ試験委員の口頭試験を受ける受験者は、30分前に控室に入った場合にはすでに試験室前に移動しているか試験に臨んでいるため、そこにいる受験者は他の試験委員が担当する受験者で、技術部門も選択科目も違う人がいると考えると良い。そのため、周りの人はライバルでもなんでもなく、自分には関係のない人たちとし

て無視すると精神的には落ち着く。待っている間に控室にいる受験者が入れ替わっていくが、口頭試験は指定された時間前に開始されることはないので、控室に入った後もトイレ等に行きたい場合には、自由に行くことができる。

　指定時間の15分前までは控室にいるように指示されているが、5～15分前になると指定された試験室の前に用意された椅子に着席しておかなければならない。なお、試験の後に控室に戻ることはないので、指定された試験室に移動する際には荷物やコートなどの持ち物はすべて持参しなければならない。

（2）試験室に入る

　試験室前の椅子で待っていると、試験室内にいる試験委員から呼び出しがあるので、呼び出しを受けたらその指示に従って中に入る。入ったらすぐに、「失礼します。」と試験委員に声をかけると、すぐに「荷物をそこに置いてください。」と試験委員の1人から声がかかるので、指定された場所に荷物とコートを置く。

　荷物を置いたら、受験者用の椅子の横に進み、受験番号と名前（フルネーム）を言うが、その後すぐに試験委員から「おかけください。」という声がかかるので、その声に従って着席する。場合によっては、入室直後に試験委員の一人

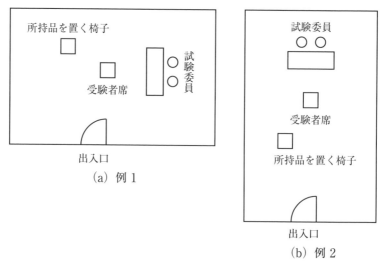

（a）例1

（b）例2

図表1.9　試験室内の配置

から「そこの椅子にお座りください。」という声がかかることがあるので、その場合には着席する。こういった例では、「受験番号と名前」を着席後に問われるので、それに従って回答する流れになる。

　口頭試験室については、その部屋の形状によっては多少の変更があるが、図表1.9に示すような配置になっている。

(3) 質問の方法

　最初に声をかけてきた試験委員があなたの口頭試験の司会役となって口頭試験が進められる。試験委員は2名または3名であるが、1つの試問事項で質問をするのは通常1名の試験委員であり、試問事項が変わるときに質問する試験委員も交代するのが一般的である。多くの場合には、すべての試験委員が何らかの質問をしてくるように分担が決められているので、それぞれの試問に対しては、質問してきた試験委員の顔をよく見て回答をしていくようにしなければならない。質問される試問事項の順番は、「技術士としての実務能力」について最初に説明するように求められる以外には定まっていないようである。また、各試問事項の時間も特に定められてはいないようであり、受験者によってばらつきがある。

(4)『業務内容の詳細』の注意

　口頭試験では、平成30年度試験までは、最初に、あなたが受験申込書に記載して提出した『業務内容の詳細』に関しての試問がなされていたが、令和元年度試験からは、受験者の実務経験全般を対象に、「コミュニケーション」、「リーダーシップ」、「マネジメント」の能力を発揮できたと考える業務を問う試問から始まって、『業務内容の詳細』の評価を確認する試問に進んだパターンも実施されている。また、『業務内容の詳細』に関する試問の方法として、受験者に自らその内容をより詳しく説明させる形式と、試験委員から気になっている点を試問する形式がある。前者の場合に重要なのは、簡潔に説明するという点である。この形式での試問は、内容的には試験委員がその内容レベルを技術士にふさわしいと認めており、コミュニケーション能力を試そうとする場合である。また、後者は記述された内容に不満や疑問を感じているため、その

点を確認しようとする場合に行われる形式と認識すると間違いないであろう。それらの形式によって、受験者は対応を変えなければならないので、どちらの形式で試問がなされても対応できるようにしておく必要がある。

　もちろん、受験申込書の作成時点で『業務内容の詳細』を不十分な内容として記述していた場合には、前者の試問で口頭試験が開始されると考えられるが、その説明の後に後者の形式の試問へと進むのは間違いない。こういった形式の場合には、10分間の延長の可能性が高くなる。そういった理由から、受験申込書の『業務内容の詳細』を不十分な内容で記述していると思われる場合は、事前の心構えとして、10分間の延長を覚悟して口頭試験に臨む必要がある。

(5) 試問事項の順番

　基本的に、口頭試験は、『業務内容の詳細』に関する試問または、『業務内容の詳細』を含めた業務経験の中から、「コミュニケーション」、「リーダーシップ」、「評価」、「マネジメント」などの能力を発揮した業務の内容確認から始まる。それらの試問が、口頭試験時間の大半を占めると考えられるが、試験委員にはすべての試問事項について質問をすることが求められているため、『業務内容の詳細』で十分な確認が行われたら、「技術者倫理」と「継続研さん」に関する試問に進んでいく。すなわち通常は、「技術士としての実務能力」が終わったら「技術者倫理」に関する試問が行われ、最後に「技術士法」や「継続研さん」に関する試問が行われる。しかし、その順番は受験者によって違っているようである。一般的に、技術士法第4章に関係する試問が出されたら、口頭試験はほぼ終了間近といわれているが、過去の受験者の中には、『業務内容の詳細』の内容の試問が終わった直後に技術士法第4章の内容を試問されたという人もいるので、決められた順番はないと考えて口頭試験に臨む必要がある。試問は、同時に複数の試験委員から行われることはないので、試問をしてきた試験委員の試問内容に集中して対応するという姿勢を持っていれば、口頭試験は乗り切れるはずである。なお、たまには、受験者の経歴に試験委員が強く興味を示して、そこに長い時間をかけてしまったために、試問事項がすべて質問できない場合もあると聞いている。このような場合には、「問題解決能力問題及び課題遂行能力問題」（必須科目（Ⅰ）及び選択科目（Ⅲ））の内容について

の試問が全くされなかったといったケースもある。しかし、試問がなされなかった試問事項については合格との判定になるので、あくまでも試験委員の質問に対して一つひとつ集中して回答していけば、それが結果になっていくと考えればよい。

(6) 口頭試験の終了

試問時間の20分間（ただし、10分間の延長がある場合もある）の終わりが近くなると、最初に声をかけてきた試験委員が他の試験委員に、「何か他に質問はありますか？」という問いかけを行う。通常はそれが口頭試験の最後であることの確認となる。

それに対して何もないという確認が取れれば、「これで終了です。」という司会役の試験委員の言葉で試験は終了となる。受験者は立ち上がって、椅子の横で会釈をして「ありがとうございました。よろしくお願いします。」と最後の懇願をしてから、荷物置場まで進む。そこで荷物とコートを持ったらドアまで進み、そこでもう一度頭を下げて退室する。

通常は試験委員がドアを閉めるまでの所作を観察しているので、最後まで気を抜かずに淡々と進めていくことが大切である。部屋の外に出たら、受付などには寄る必要はないので、そのまま帰ることができる。

口頭試験の結果については、受験者が試験室を出た後に試験委員同士で相談して決められるため、この時点で受験者の合否は基本的に決定されている。正式な合否結果は、すべての口頭試験受験者の口頭試験が完了した後の3月上旬に、受験者全員同時に発表される。

10.　口頭試験の受け方

　口頭試験を受験するための前提として、心しておかなければならない点が多くあるので、ここではそれらをまとめて説明する。

（1）態度について

　口頭試験以外の技術士試験はすべて筆記試験であったので、服装については特に気を使う必要はなかった。特に、技術士第二次試験の筆記試験においては、夏場の暑い時期に行われることもあり、暑さ対策として誰もが軽装で臨む試験である。しかし、口頭試験は高等な専門的応用能力を身につけた技術者であるかどうか、また専門職技術者として顧客を満足させることができる能力と資質を持っているかどうかを試す試験となっている。そのため、試験委員も品位と資質を示す服装で口頭試験に臨んでくる。そういった試験室の環境を考えると、受験者も同様に高等な専門的応用能力を持っている点を外面的にも示す必要がある。実際に、ほとんどの受験者はスーツ姿で自分の品位と資質を表現している。また、単に見栄えだけではなく、態度の面でも受験者は十分な配慮をする必要がある。いわゆる身のこなしについては、ある程度堂々とした姿勢を保つことが必要であるが、あまりにも尊大な態度に出るのは控えなければならない。また、その逆に低姿勢すぎる態度も技術者としての信頼感を喪失するので、注意しなければならない。自然に、接しやすく、かつ頼りがいのある技術者という姿勢が最もふさわしいのはいうまでもない。

　そういった姿勢だけではなく、言葉遣いについても同様である。あまりにも丁寧すぎる話し方をすると、逆に不快感をもたれてしまい、逆効果となる場合もある。また、乱暴な言葉遣いをするのは論外というしかない。しかし、受験者の中には、少なからずそういった人がいるようである。確かに、これまでの実績から技術者として専門の世界では評価をされている受験者が口頭試験を受験する場合もある。そういったケースで、受験者が試験委員を見下した態度を

示す場合もあると聞いている。しかし、口頭試験の試問事項の中に技術士としての品格を試す内容も含まれているため、それが良い結果をもたらすことはない。あくまでも受験者は受験者の立場を守り、試験委員を顧客に見立てた形で発言をしなければならない。

　また、受験者の中には意味なく身振りや手振りが大きい人がいるが、そういった癖を持っている人は注意しなければならない。意味のある身振りや手振りも場合によってはあるが、それは技術士第二次試験の口頭試験ではあまりないと考えた方が良いであろう。試験室にホワイトボードが用意されていて、そこに記載した図を示して説明するというような場合には、身振りや手振りで表記した図を示す動作は意味がある。しかし、基本的に口頭試験では受験者が試験室に資料を持ち込むことはできないので、そういった機会はない。そのため、口頭試験では大げさな身振りや手振りは必要ないのである。そういった無意味な行動は、かえって受験者の知識や経験に対する未熟さを印象づけるものとなる。同様に、話しをする際に手を頭やあごなどに持っていく癖がある人なども注意すべきである。いくつかの例を挙げたが、人は「無くて七癖」というように、話す際にもいくつかの癖を持っているものである。そういった癖を周囲の人に確認して、それが本番の試験では出ないように心がける必要がある。基本的には、両手を自分の膝の上に置いて、背筋を伸ばした姿勢で試問を受けるようにしなければならない。

（2）回答について

　回答の仕方についても注意する点が多くある。口頭試験の試問では、試験委員が頻繁に「○○について簡潔に説明してください。」というような質問表現を使う。基本的に、口頭試験では簡潔に述べるというのが条件であるので、練習においても簡潔な回答をする練習をしておく必要がある。受験者の中には、自分で自信がある試問の回答には、試問されている範囲を越えて話し続けてしまう人も多くいる。それは『業務内容の詳細』に対する説明でも同じことで、口頭試験の時間がかつてよりも短くなっているにもかかわらず、自分の経験業務であるため悦に入って、長々と話を続けるのはかえってマイナスの評価を受けるので注意しなければならない。そういった点から、回答をする際には試験

委員の顔をしっかりと見ながら、相手の反応に合わせて回答するように心がけることも大切である。長すぎると試験委員が感じ始めた際には、必ずその意識が顔などに現れてくるものである。それを察知して、手早く話をまとめてしまうような適切な対応ができるようになるためにも、相手をよく見て話す姿勢が大切である。

　あまり話をすることが得意ではない受験者が気をつけなければならない点として、聞き取りにくい話し方をしないように、練習の際から注意して矯正していくことが大切である。聞き取りにくい話し方としては、口頭試験で上がってしまい、気づかずに早口で話してしまう場合がある。また、回答の最後の方になると、なんとなく語尾がはっきりしない話し方をする人も少なくない。そういった人は、落ち着いてゆっくりと話し、言葉の最後の方を慎重に話すように心がける必要がある。ゆっくり話すというのは、わかりやすいだけではなく、時間制限のある口頭試験では、試問される内容の数も少なくなり、受験者にとっては有利な方向にもっていける手段でもあるので、心がけてゆっくり話す練習を十分にしてもらいたい。

　また、回答方法の基本として、質問をしてきた試験委員と視線を合わせて会話をしていく心構えが受験者には強く求められる。中には、質問した試験委員ではない試験委員を見てしまったり、2〜3名いる試験委員をキョロキョロと眺めたりしながら説明する受験者もいるが、試験委員は役割分担をしていて、質問していない試験委員は受験者の回答が試問で求めているものと食い違っていないかどうか、また回答中の態度に問題はないかなどを注目している。1つの試問に回答している間は、質問した試験委員と受験者間の1対1の試験と割り切って試験に臨むとよい。もちろん、回答した後にはすべての試験委員の様子を見て、自分の回答内容がその他の試験委員にどのように受け取られたかを感じる必要があるが、回答の最中には、質問した試験委員と視線を合わせて、しっかりと会話を成立させるようにしなければならない。

　会話を成立させるという意味では、質問の内容を早とちりしないという点も重要である。ときどき、質問に対する回答を始めてすぐに、試験委員から「そういう意味ではなく、○○についてどう思うかを答えて欲しいのです。」という言葉で回答を中断される場合がある。それは、受験者が試験委員の質問の意図

を十分に捉えていなかったことを意味しており、それ自体が口頭試験において
はマイナスの評価となってしまう。それは理解力がないという意味であったり、
社会的な動向や新しい技術動向をしっかり捉えていない結果であったりする。
また、質問の本来の意図を理解できなかったというような場合もあり、見識不
足や言葉の理解力不足という点でマイナスの評価となってしまう。そういった
場面は決して少なくはないので、質問された際には、常に質問された意図を読
み解きながら回答を考える姿勢を堅持する必要がある。そのためには、「これ
は何の目的で質問されたのか？」とか、「どういった回答を望んでいるのか？」
というような思考をする習慣を常日頃から身につけておかなければならない。
どうしても意図が自分でわからなかった場合には、「いまの質問は、○○技術の
将来性についての質問と考えれば良いですか？」とか、「いまの質問の意図が
理解できなかったので、もう一度お願いできませんか。」というような形で、
回答前に確認をすることが大切である。「たぶん、こういったことを聞いてい
るのであろう。」という憶測で勝手な回答をすることはマイナスであり、逆に
確認のために質問をする方が、技術者としての信頼が得られ、より高い評価を
受ける場合もあるので、質問の内容を自分でしっかり吟味して、確認する場面
もありうると考えておくべきである。口頭試験においては、その程度の心構え
と精神的な余裕が持てるようになっている必要がある。特に、民間企業に勤務
する受験者の中には、大学の先生などの試験委員からなされた質問の内容が、
ときとして理解しにくい場合がある。それは民と学の慣習的な違いが原因の場
合もある。そういった場面は、多くの合格者にヒアリングしたところ結構多い
ようである。こういった業務慣習の違いによるギャップを確認するためにも、
意図が読み取れなかった試問については、遠慮することなく確認をした方が良
いという点は頭に入れておいてもらいたい。ただし、受験者の知識不足で質問
が理解できなかったような場合には、当然それはマイナス評価となるので、誤
解をしないようにしてもらいたい。

（3）望ましい回答姿勢について

　これまでは口頭試験における基本的な姿勢を説明してきたが、これからはい
くつかのケースについて望ましい回答例や姿勢を説明する。

　口頭試験の試問においては、単発な形で質問がなされる場合と、連係した複数の質問で構成されている試問がある。また、試問当初から連係が想定されていたわけではないが、受験者の回答内容によって、試問が連係して出される場合もある。特に気をつけなければならないのは、複数の連係した質問の場合である。そういった場合には、試験委員には期待する質問の回答があるので、その意図と試験委員が期待している回答を想定しながら最初の回答をしなければならない。最終的な評価となる質問内容に至るまでの試験委員の狙いを見抜けないままに回答をしてしまうと、最終的な質問内容に会話がつながらなくなってしまい、違った方向に話がいってしまう。そういった結果にならないためには、質問の表面的な内容をしっかりと把握した後に、なぜこの試問がなされたのかという意図を汲み取る必要がある。また、単発の試問についても、突拍子もない試問がされているわけではなく、現在の社会で注目されている社会現象や顕著な技術動向をベースとして試問されることが少なくない。そういった現状を広く理解していると、試問の意図が理解できるようになり、事前に口頭試験の想定練習もできるようになる。

　なお、試験委員が意図しないままに、連係した質問が出される場合がある。具体的には、次に示す2つのケースが考えられる。

　1つは、あまりにも予想していた回答からかけ離れた回答がなされたときである。これは危険な兆候であり、早急に是正しなければならない。どういうことかというと、試問に対する理想的な回答よりもレベルが低いか、とんちんかんな回答であったために、試験委員が修正するチャンスを与えてくれる場合が口頭試験では結構多いからである。その意図をキャッチして回答を返さないと、試験委員も救いようがなくなって、厳しい点をつけなければならなくなってしまう。技術士第二次試験の口頭試験は、あくまでも受験者を落とすことが目的ではなく、技術士となる資質を持っているかどうかを試す中で、誤解などの回答については是正するチャンスを与えてくれるという点を認識しておかなければならない。

　もう1つのケースは、受験者が回答した内容に対して試験委員が興味を持った場合である。技術士試験の試験委員は、どちらかといえば勉強家である。そういった人は、技術事項に非常に強い関心を持っている。その興味の対象に触

れるような回答がなされたとき、無意識に試験委員はその先を聞きたくなってくる。そうした場合には、攻守が逆転するかのような現象が起きてくる。試験委員が生徒となり受験者が先生となったような質問に変わってくるのである。こういった関係になると、試験は良い方向に回りだし、受験者の得意な分野に多くの時間が割かれていく結果となる。そうすると、他の試問事項の質問は簡単に済ませるしかなくなり、合格の可能性が高くなる。これまでも、口頭試験が終了した際に、「今日は勉強になりました。」と試験委員が受験者にお礼を言ったという例が少なからず存在する。そこまでうまくいくことはいつも期待できるものではないが、特に最初の受験者の経歴の内容に関する項目の回答では、試験委員が興味を持つと期待されそうな内容をできるだけ積極的に展開しながら説明する必要がある。

　また、口頭試験の試問すべてに答えられれば問題ないが、多くの受験者はいくつか答えられない試問に出くわすものである。そういった際の対応こそが、受験者の評価を大きく左右すると考える必要がある。試問の内容について、これは全く知識がないと判断したら、それほど間をおかずに、「申し訳ありませんが、この質問はわかりません。」と素直に答えるのが得策である。多くの場合には、試験委員が回答を教えてくれるので、「勉強になりました。ありがとうございます。」と答えて、次の試問に進んでもらうという展開になる。もちろん、そういった場面が何度もあると、この年の口頭試験の合格は難しくはなるが、1回や2回は許容範囲と判断されるようである。ただし、技術士の定義や義務に関する質問では、こういった対応は致命傷になるので、何でもそういった対応が可能というわけではない。最も悪い姿勢が、わからない質問に対してただ黙ってしまったり、もじもじとした煮え切らない態度をしてしまうような場合である。そういった姿勢は、試験委員から見るとあまりにも技術士にふさわしくない姿勢と映るからである。

　最後に不合格になった受験者の中で結構多いのが、試験委員と口論をした結果で不合格になった場合である。受験者の中には優れた技術者としての強い自負を持った人が多くいる。そういった人が自分の意見に反論されると、それにすなおに反応してしまう場合がある。試験委員が意図的にそういった質問をしているかどうかは定かではないが、受験者の回答に対して、「しかし、○○と

いうような考え方もあるでしょう。」といった言葉をかけてくる場合がある。
それは連係した試問の1つの形式でもあるが、そういった際の適切な受け方は、
「確かに、○○という考え方もありますが、それは条件にもよると思います。」
とか、「そのご意見につきましては参考とさせていただき、今後自分なりに検討
したいと思います。」などと受け流してしまう方法が得策である。あくまでも
試験委員は受験者に対して多面的に試問をしなければならない立場であるので、
1つの試問に固執して食い下がってくることはない。その点を認識して、むやみ
に論争に陥ることなく、こういった場合には、無難にかわしていくような柔軟
な姿勢が良い評価を得る結果となる。

(4) 基本的な答え方と姿勢

　これまで説明した内容も含めて、口頭試験における基本的な答え方や姿勢に
ついてここで確認すると、次のような項目が挙げられる。これらについては、
何度も読み返して、試験当日までに体で覚えておくようにしなければならない。

【口頭試験における基本姿勢】

① 信頼感をもたれる姿勢と言動を行う。

② 無意味な身振りや手振りは控える。

③ 自分の癖を知り、是正する。

④ 試験委員の質問を最後までよく聞く。

⑤ 試験委員の質問内容のポイントを理解する。

⑥ 聞きやすい声で回答を行う。

⑦ ていねいな言葉遣いで回答を行う。

⑧ 落ち着いて回答を行う。

⑨ わかりやすく簡潔に説明する。

⑩ あいまいな回答をせず、わからない試問は早めに降参する。

⑪ 論理的な説明をする。

⑫ 連係した質問に対しては意図を汲み取る。

⑬ 質問内容が理解できなかった場合には、確認してから回答する。

---

⑭　質問した試験委員の反応を見ながら回答をしていく。

⑮　回答後には質問していない試験委員の反応を確認する。

⑯　試験委員の興味を引く回答をするよう心がける。

⑰　早口にならないように注意する。

⑱　語尾まではっきりと発言する。

⑲　法律に関する質問には正確に回答する。

⑳　無用な論争は避ける。

第2章
実務経験証明書の書き方

　現在の口頭試験の準備は、かつての口頭試験と比べると相当楽になっている。しかし、口頭試験で失敗する人がいなくなるわけではなく、最後の関門で失敗すると、また振り出しに戻らなければならないことを考えると、周到な準備をしておかなければならない。また、ここで今更という受験者もあるかもしれないが、受験申込書に記載した内容が口頭試験に大きな影響を及ぼすので、口頭試験の観点から理想的な実務経験証明書の書き方を説明しておく。それと合わせて、理想的な書き方で提出していない受験者は、どういった事前準備をしなければならないかも説明しておきたい。

1. 業務経歴（勤務先における業務経歴）の書き方

　実務経験証明書の業務経歴欄は、技術士第二次試験を受験できるだけの経験年数があるかどうかを確認するために用いられるのが第一の目的である。もちろん筆記試験に合格した人たちは受験資格があると認められているからこそ筆記試験を受験しているので、その点はクリアしている。業務経歴欄の第二の目的は、口頭試験の資料としての位置づけである。それは過去の技術士第二次試験でも同様であったので、多くの受験者はこの点に気をつけて申込書を作成していると思う。しかし、受験申込書の書類審査をした経験では、1つの経歴内容で30年間と記載するような受験者も少なくはない。そこまでひどくはないにしても、業務経歴欄を有効に活用することなく、数項目だけを記載している受験者が多数存在していた。業務経歴欄は記載できる業務経歴が最大5項目という条件で有効な記載をしなければならない。そういった例をここで紹介する。なお、経験年数が10年程度の受験者は、5つの業務経歴欄をできるだけ有効に使って、経歴内容を多彩にすることに注力すれば良いと考える。逆に、20年以上の業務経歴がある人は、記載の方法に工夫が必要となるので、そういった例をここで説明しておく。

　なお、業務経歴欄に記載する業務は、受験申込書に記入している『専門とする事項』に整合した内容にするのが原則である。多彩な業務を行っているということを強調しようとするあまり、『専門とする事項』と異なる業務内容を複数挙げてしまうことがないよう、留意する必要がある。また、業務経歴欄には可能な限り「計画、研究、設計、分析、試験、評価」といった表現で、技術士法第2条で示している技術士の定義に合致した表現を使うようにしたい。

　理想的な例として、図表2.1から図表2.3の例を見てもらいたい。

図表2.1　業務経歴記載例（建設部門：河川、砂防及び海岸・海洋科目）

詳細	勤務先 (部課まで)	所在地 (市区町村まで)	地位・職名	業務内容	②従事期間		
					年・月～年・月	年月数	
	(株)○ △支社□課	東京都 渋谷区	技師	中小河川に関する調査、計画、設計及び施工計画	2001年4月 ～2008年3月	7	0
	(株)○ △支社□課	東京都 渋谷区	主任	河川構造物に関する計画及び設計	2008年4月 ～2014年3月	6	0
○	(株)○ △支社□課	東京都 渋谷区	係長	都市河川に関する調査、計画、設計	2014年4月 ～2017年3月	3	0
	(株)○ △支社□課	東京都 渋谷区	係長	越流堤に関する計画及び設計	2017年4月 ～2019年3月	2	0
	(株)○ △支社□課	東京都 渋谷区	課長	都市河川に関する基礎調査及び設計	2019年4月 ～2021年3月	2	0
※業務経歴の中から、下記「業務内容の詳細」に記入するもの1つを選び、「詳細」欄に○を付して下さい。					合計（①+②）	20	0

　なお、この経歴例は第7節の技術的体験論文例-2（84～85ページ参照）の参考経歴例になる。

図表2.2　業務経歴記載例（電気電子部門：電気設備科目）

詳細	勤務先 (部課まで)	所在地 (市区町村まで)	地位・職名	業務内容	②従事期間		
					年・月～年・月	年月数	
	○(株) △部□課	神奈川県 横浜市	技師	建築電気設備の設計及び施工計画	2001年4月 ～2009年3月	8	0
	○(株) △部□課	神奈川県 横浜市	主任	施設電気設備の設計及び施工計画	2009年4月 ～2014年3月	5	0
	○(株) △部□課	神奈川県 横浜市	主査	○○(株)△△工場電気設備の設計及び施工計画	2014年4月 ～2017年3月	3	0
○	○(株) △部□課	神奈川県 横浜市	係長	□□ビル配電設備の設計及び施工計画	2017年4月 ～2019年3月	2	0
	○(株) △部□課	神奈川県 横浜市	課長	◎◎地区再開発ビル電気設備の設計及び施工計画	2019年4月 ～2021年3月	2	0
※業務経歴の中から、下記「業務内容の詳細」に記入するもの1つを選び、「詳細」欄に○を付して下さい。					合計（①+②）	20	0

　なお、この経歴例は、第7節の技術的体験論文例-6（104～105ページ参照）の参考経歴例になる。

図表2.3　業務経歴記載例（総合技術監理部門：機械―流体機器科目）

詳細	勤務先 （部課まで）	所在地 （市区町村まで）	地位・ 職名	業務内容	②従事期間		
					年・月～年・月	年月数	
	○（株） △部□課	神奈川県 横浜市	技師	石油化学プラント設備の設計 及び施工計画	2001年4月 ～2009年3月	8	0
	○（株） △部□課	神奈川県 横浜市	主任	天然ガスプラントの設計及び 施工計画	2009年4月 ～2015年3月	6	0
	○（株） △部□課	神奈川県 横浜市	主査	○○国向け△△エチレンプラント の設計及び施工計画	2015年4月 ～2017年3月	2	0
○	○（株） △部□課	神奈川県 横浜市	係長	□□国向け製油所の設計及び 建設マネジメント	2017年4月 ～2019年3月	2	0
	○（株） △部□課	神奈川県 横浜市	課長	◎◎国向け天然ガスプラントの 設計及び建設マネジメント	2019年4月 ～2021年3月	2	0
※業務経歴の中から、下記「業務内容の詳細」に記入するもの1つを選び、「詳細」欄に○を付して下さい。					合計（①+②）	20	0

　なお、この経歴例は、第7節の技術的体験論文例−7（109～110ページ参照）の参考経歴例になる。

　経験年数が10年程度の受験者は、5項目すべてで具体的な物件名称が記載できると考えるが、20年近い経歴を持っている人は、5項目ではとてもすべての業務は記載できない。そういった場合には、昔の経歴を大括りし、最近の経歴を詳細に記載するようにしなければならない。特に、『業務内容の詳細』に記載する項目は、詳細の内容ができるだけわかるように、タイトルをつけるつもりで、業務内容欄に記載する必要がある。

　以上は理想的な例であるが、中には図表2.4のような記載をしている人もいると思う。

図表2.4　業務経歴記載例（電気電子部門：電気設備科目）

詳細	勤務先 (部課まで)	所在地 (市区町村まで)	地位・ 職名	業務内容	②従事期間		
					年・月～年・月	年月数	
	○(株) △部□課	神奈川県 横浜市	技師	建築電気設備の設計及び施工 計画	2001年4月 2014年3月	13	0
○	○(株) △部□課	神奈川県 横浜市	係長	建築電気設備の設計及び施工 計画	2014年4月 ～2019年3月	5	0
	○(株) △部□課	神奈川県 横浜市	課長	建築電気設備の設計及び施工 計画	2019年4月 ～2021年3月	2	0
※業務経歴の中から、下記「業務内容の詳細」に記入するもの1つを選び、「詳細」欄に○を付けて下さい。					合計 (①+②)	20	0

　これは地位・職名で業務内容を大括りした例であるが、こういった記載をした場合には、図表2.2と比べて、『業務内容の詳細』に記載する内容が非常にあいまいになるので、『業務内容の詳細』の欄に、いつ頃の業務か、どういった業務かを記載しなければならなくなる。また、口頭試験の経歴で試験委員が興味を持つと考えられる、過去にどういった（多彩な）経験をしたのかという点について具体的な内容が欠落してしまう。そういった点で、どうしても図表2.1から図表2.3までのような記載をした受験者とは差ができてしまうのは仕方がない。しかし、この内容で提出してしまっている場合には、口頭試験でこれを補うような説明を、短時間でできるように準備しておかなければならない。

　基本的に、口頭試験は落とすための試験ではなく、受験者が技術士としてふさわしい資質を持っているかどうかを試す試験なので、口頭試験で補足説明をして理解してもらえれば、十分にリカバーできると考える。

2.「業務経歴」に対する 『業務内容の詳細』の記載事例

　『業務内容の詳細』は、平成 30 年度試験までは、口頭試験で最初に試問された内容であった。令和元年度試験からは、業務経歴全般を対象に、コミュニケーション、リーダーシップ、マネジメントなどに関する試問から始まる場合が増えているが、『業務内容の詳細』の説明から始まる技術部門・選択科目も少なくはない。少なくとも総合技術監理部門は、『業務内容の詳細』の説明から口頭試験が始まっているようである。多くの場合に、口頭試験の前半に『業務内容の詳細』に関する説明または試問が行われる。そういった点で、口頭試験で慌てないためには、記載する際にはそれを想定して理想的な記載をすることが望ましい。しかし、受験申込書作成時点で口頭試験の対応までは考えていない受験者は多いと考えられる。そういった場合を考慮して、『業務内容の詳細』の記述例を示して、その違いによる口頭試験の準備の違いについて説明する。

　なお、『業務内容の詳細』では、過去に提出が求められていた「技術的体験論文」とは違って、下記の 3 項目を示すように求められる。

　①　業務での立場と役割

　②　業務の成果

　③　その他（成果等という表現の「等」に該当）

　ただし、業務の成果を示すためには、業務の概要を説明しておく必要がある。また、その他としては、成果をより一層引き立てるためのアピール点を示すのが一番である。ただし、記述できる文字数は 720 字であるので、欲張ると書ききれなくなる。そのため、効率良く上記のポイントを示していくことを考えなければならない。図表 2.4 のような業務経歴を記載してしまうと、いつ頃の業務で、どこのどういった業務かを説明する必要が生じるため、アピールする部分がその分減らされることになる。具体的な例を示してみると、次のようになる。

（1）『業務内容の詳細』記載例−1（電気電子部門：電気設備科目）

業務内容の詳細

当該業務での立場、役割、成果等
私は、5階建ての低層棟と18階建高層棟から構成されており、電源設備に高い品質が求められる複合ビル（延床面積5万m²）の電気設備の主任技術者として全体設備計画を策定した。高層棟はテナントビルであるので、配電設備設計には難しい条件となっていた。この複合ビルの受電電圧は20kVで、高層棟電気室には6kVで配電されることが決まっていた。この条件で高層棟各階に大容量で信頼性の高い電力を配電するには、配電方式に新しい工夫が必要であった。電源の信頼性と品質を高め、将来の電源需要に対してフレキシブルな対応ができるようにするために高圧ループ配電方式を採用し、A幹線とB幹線は屋上階で開閉器盤を使って連結できるようにした。これによって、どちらかの幹線にトラブルが発生した際には、もう一方の幹線でバックアップできるようになる。また、電源の品質を確保するために、3フロアを1つのユニットと考えて、①空調動力負荷電源用、②照明コンセント電源用、③情報設備電源用の変圧器を各階に分散配置する方法を考えた。この配電方式は地下変電方式と比べて100万円程度高い費用がかかるが、他方の幹線でバックアップできるので故障率は0．0044日／年となり、地下変電方式の0．0067日／年よりも改善する。また、故障平均期間も26日／回と地下変電方式の310日／回よりも低減できる。さらに、この配電方式を用いると、情報設備電源が動力設備と分離できるために、動力設備から発生する雑音が情報システムに影響を与える可能性も抑えられる。なお、各階変圧器盤内の変圧器の重層化も可能であるので、情報設備電源などをより多く必要とするテナントに対しては、フレキシブルに電源容量を増加できる。　　以上

　「業務での立場と役割」、「業務の成果」、「アピールポイント」をすべて示そうとすると、項目立てする余裕はないので、一気に説明するという方法が以上の例である。

(2)『業務内容の詳細』記載例-2（電気電子部門：電気設備科目）

業務内容の詳細

当該業務での立場、役割、成果等
1．業務での立場と役割 　私は、5階建ての低層棟と18階建高層棟から構成されており、電源設備に高い品質が求められる複合ビル（延床面積5万m²）の電気設備の主任技術者として全体設備計画を策定した。 2．業務の成果 　高層棟はテナントビルであり、この複合ビルの受電電圧は20kVで、高層棟電気室には6kVで配電されることが決まっていた。この条件で高層棟各階に大容量で信頼性の高い電力を配電するには、配電方式に新しい工夫が必要であった。そのために高圧ループ配電方式を採用し、A幹線とB幹線は屋上階で開閉器盤を使って連結できるようにした。これによって、どちらかの幹線にトラブルが発生した際には、もう一方の幹線でバックアップできるようになる。また、電源の品質を確保するために、3フロアを1つのユニットと考えて、①空調動力負荷電源用、②照明コンセント電源用、③情報設備電源用の変圧器を各階に分散配置する方法を考えた。この配電方式は地下変電方式と比べて多少費用がかかるが、他方の幹線でバックアップできるので信頼性を高めることができる。また、故障平均期間も低減できる。さらに、この配電方式を用いると、情報設備電源が動力設備と分離できるために、動力設備から発生する雑音が情報システムに影響を与える可能性も抑えられる。なお、各階変圧器盤内の変圧器の重層化も可能であるので、情報設備電源などをより多く必要とするテナントに対しては、フレキシブルに電源容量を増加できる。　　　　　　　　　　以上

　　これが項目立てした場合の記載例の1つとなるが、そうすると、ある程度は記載内容であきらめなければならない部分がでてくる。今回の場合には、成果を数字で示す部分を削除する手法を取ったが、そうした場合には、口頭試験会場で具体的な成果を数字で説明できるように準備しなければならない。

(3)『業務内容の詳細』記載例-3（電気電子部門：電気設備科目）

業務内容の詳細

当該業務での立場、役割、成果等
1．業務での立場と役割 　私は、5階建ての低層棟と18階建高層棟から構成されており、電源設備に高い品質が求められる複合ビル（延床面積5万m²）の電気設備の主任技術者として全体設備計画を策定した。 2．業務の成果 　本業務においては電力の安定供給が求められていたので、高圧ループ配電方式を採用し、A幹線とB幹線のどちらかの幹線にトラブルが発生した際にも、もう一方の幹線でバックアップできるようにした。また、電源の品質を確保するために、3フロアを1つのユニットと考えて、①空調動力負荷電源用、②照明コンセント電源用、③情報設備電源用の変圧器を各階に分散配置する方法を考えた。この配電方式は、情報設備電源が動力設備と分離できるために、動力設備から発生する雑音が情報システムに影響を与える可能性も抑えられる。また、情報設備電源などをより多く必要とするテナントに対しては、フレキシブルに電源容量を増加できる。　　　　　　　　　　　　　　　　　　　　　　　　　　　　　　　　　　　　　　　以上

　実際に、受験申込書を作成する際に、現在の試験制度を十分に熟知していない受験者は、どうしてもこの程度の記載で済ませている可能性がある。この場合には、成果と業務の結果とを同じに考えてしまっているために起きる記載例と考えられる。この書き方では、高等な専門的応用能力を発揮したという具体的なアピール部分が抜けているため、口頭試験ではその点を試験委員から試問されることになる。その場合に、十分な準備ができていないと、具体的な説明ができない可能性がある。そうなると、この業務があなたの独創性を使って成果を出した業務なのか、他の人のアイデアによって実施されている業務に単に参加しただけかが判別できない。そういった点で、10分間の延長は避けられなくなるとともに、不合格になる危険性が高くなってしまう。そのため、こういった例については、口頭試験前の準備は入念に行われなければならない。

3. 口頭試験における試験委員との技術的対話

3.1 『業務内容の詳細』記入の目的

　『業務内容の詳細』は、かつて技術士第二次試験で最も重きが置かれていた「技術的体験論文」に代わって、受験者の技術的体験が技術士になるのにふさわしいものかどうかを確認するためのものである。かつては筆記試験時間内で作成していたが、その後、口頭試験前に筆記試験合格者のみが作成する形式に変更され、現在では受験申込の時点で作成して提出する形式になった。実際に使われるのは、口頭試験の「技術士としての実務能力」の項目で、実務能力レベルの判断がなされる際である。そのため、多くの受験者の『業務内容の詳細』は誰にも読まれないわけであるが、筆記試験合格者には、技術士になれるかどうかの大きな判断基準の1つになる重要な資料である。そういった目的で使われるため、『業務内容の詳細』に記述された内容自体が採点されることはなく、口頭試験の試問の結果として評価がなされる点は認識して作成する必要がある。

　『業務内容の詳細』は、実務経験証明書の一部として作成するため、記載できる文字数に限界があり、かつての「技術的体験論文」と比べると、非常に少ない文字数で、自分の実務能力をアピールする必要がある。令和2年度試験の様式を図表2.5に示す。

　図表2.5のとおり、実務経験証明書の下部に、『業務内容の詳細』を記入する場所として720字の枠が設けられている。ここには、業務経歴欄に記入した業務内容の中から1つを選び出して（詳細欄に○印を付けたもの）、業務の詳細内容を記入してもらおうというものである。また、そこにはあくまでも「技術的体験論文」を求めているわけではないということから『技術士にふさわしいと思われるもの』という表現は避けて「当該業務での立場、役割、成果等」として、記入すべき事項を示している。

【経路③】

氏　名	寅　野　皆　人

※ 整理番号	記入しない

実務経験証明書

大学院における研究経歴／勤務先における業務経歴

	大学院名	課程（専攻まで）	研究内容	①在学期間	
				年・月～年・月	年月数
	伊勢大学大学院	理工学研究科修士課程 構造地質学専攻□□	ジュラ紀付加体（美濃丹波帯）の構造地質学的研究	2000年4月 ～2002年3月	2　0

詳細	勤務先 (部課まで)	所在地 (市町村まで)	地位・職名	業務内容	②従事期間	
					年・月～年・月	年月数
	(株)日本地質技術 中部支社 調査課	愛知県 名古屋市	技術員	開発造成地の地質調査、分析	2002年4月 ～2003年3月	1　0
	～社名変更～ (株)ＩＰＥＪ地質 中部支社 調査課	同上	同上	同上	2004年4月 ～2008年3月	4　0
	同上	同上	主任 技術員	地すべり原因の調査、分析及び対策案の計画	2008年4月 ～2010年9月	1　6
	(株)ＩＰＥＪ地質 地質部 調査課	東京都 港区	課長	急傾斜地の地質調査、分析・評価	2010年10月 ～2014年3月	3　6
○	同上	同上	同上	道路構造物建設に伴う地質調査、分析・評価	2014年4月 ～2020年3月	6　0
※業務経歴の中から、下記「業務内容の詳細」に記入するもの1つを選び、「詳細」欄に○を付けて下さい。					合計 (①+②)	17　0

上記のとおり相違ないことを証明する。　　　　　　　　2020年　4月　10日

事務所名　　株式会社 ＩＰＥＪ地質

証明者役職　　代表取締役社長

証明者氏名　　田中 山八　　　　　　㊞

業務内容の詳細

当該業務での立場、役割、成果等

＊業務経歴の「詳細」欄に○を付したものについて、業務内容の詳細（当該業務での立場、役割、成果等）を、７２０文字以内（図表は不可。半角文字も１文字とする。）で、簡潔にわかりやすく整理して枠内に入力する。
　（最大９００文字入力できる様式です。７２０文字以内に収めて下さい。）
＊業務経歴の「詳細」欄に○を付した業務経歴の期間中に業務内容が複数にわたる場合は、その中から１つの業務を選んで入力する。
＊総合技術監理部門を申し込む場合は、総合技術監理の視点（安全管理、社会環境管理、経済性管理、情報管理、人的資源管理）から入力する。

図表2.5　実務経験証明書記入例

　繰り返すようであるが、この『業務内容の詳細』を使うのは口頭試験におい
てである。『業務内容の詳細』の欄に何も記載されていないなど、受験申込み
をする際に不備とされる場合を除いては、受験申込時点で記載されている内容
が妥当な内容になっているかどうかを審査されることはない。また、提出した
実務経験証明書を後から差し替えることはできない。そして口頭試験では、業
務経歴欄に記載した業務経歴とこの『業務内容の詳細』、そして筆記試験にお
ける答案を使って『技術士としての実務能力』が評価されることになる。この
ように見ると、実務経験証明書における『業務内容の詳細』を記入する目的は、
あくまでも口頭試験において『技術士としての実務能力』を評価するための資
料にするためであり、この内容をもとに試問されるのは当然のことといえる。
したがって、記載事項が「当該業務での立場、役割、成果等」になっているか
らといって『業務上の立場』と『役割』、そして『業務の成果』の3つだけを
示しておけば良いというものではなく、『どのような応用能力を発揮したのか』
を示すようにしておくことが、確実な合格のためには必要になるといえる。

　筆記試験結果が発表されてから、「業務内容の詳細をちゃんと書いておけば
よかった」という後悔をしないように、実務経験証明書の『業務内容の詳細』
を記入する目的を十分に理解しておくとともに、受験申込時点で適切な内容を
記入しておくようにしたい。

3.2　平成24年度試験までの「技術的体験論文」で求めていたこと

　前項では、受験者の負担を大きくしないようにするために『業務内容の詳細』
として「当該業務での立場、役割、成果等」を記入するようにしているものの、
現在の試験制度で『業務内容の詳細』を求めているのは、口頭試験において
『技術士としての実務能力』を評価するための資料にするためであり、本音と
しては『技術的体験論文に代わるもの』という位置づけにあることを述べた。
このように見ると、適切な『業務内容の詳細』を記述するためには、平成24年
度試験までに作成されていた「技術的体験論文」で何を求めていたのかを知っ
ておく必要がある。

　技術的体験論文の課題（設問）の内容は、平成19年度から平成24年度まで

の6年間において、総合技術監理部門以外の技術部門ならびに総合技術監理部門のいずれについても全く変わらなかった。また、総合技術監理部門以外の技術部門の設問内容は、平成18年度までの筆記試験における旧必須科目（Ⅰ－1）として出題されていた体験論文の設問内容と比べてみても、技術部門や選択科目によっては略記文の数や設問の表現が異なってはいるものの、求めている事項は基本的には同じであるといえる。

「技術的体験論文」で求められていた課題（設問）は、次に示すとおりである。なお、総合技術監理部門における「技術的体験論文」は、平成19年度試験から設けられたものであるが、論文の課題（設問）内容は、概して総合技術監理部門以外の技術部門の設問内容で「（技術部門の）技術的」という部分を、「総合技術監理の視点」という表現に置き換えたものになっている。

【総合技術監理部門以外の技術部門】

> あなたが受験申込書に記入した「専門とする事項」について実際に行った業務のうち、受験した技術部門の技術士にふさわしいと思われるものを2例挙げ、それぞれについてその概要を記述せよ。さらに、そのうちから1例を選び、以下の事項について記述せよ。
> (1) あなたの立場と役割
> (2) 業務を進める上での課題及び問題点
> (3) あなたが行った技術的提案
> (4) 技術的成果
> (5) 現時点での技術的評価及び今後の展望

【総合技術監理部門（総合技術監理部門の必須科目）】

> あなたが受験申込書に記入した「専門とする事項」について実際に行った業務のうち、総合技術監理部門の技術士にふさわしいと思われるものを2例挙げ、それぞれについてその概要を記述せよ。さらに、そのうちから1例を選び、以下の事項について記述せよ。

(1) あなたの立場と役割

(2) 業務を進める上での課題及び問題点

(3) あなたが行ったもしくは行うべきだったと考えている総合技術監理の視点からの提案

(4) 総合技術監理の視点からみた提案の成果

(5) 総合技術監理の視点から見て今後の改善が必要と思われること

　「技術的体験論文」の課題（設問）は、受験者がそれまでに『高等の専門的応用能力』を発揮した経験があるかどうかを求める内容になっていた。すなわち、「技術的体験論文」の課題において『技術士にふさわしいと思われるもの』を問うているというのは、このような理由に拠るのである。したがって、受験者から見た「技術的体験論文」を提出する目的は、極論すると『自分の専門とする事項で、いかに高等の専門的応用能力を発揮できたのかをアピールすること』であった。

　過去の口頭試験で合格に至らなかった受験者の「技術的体験論文」は、これまでに担当した業務の経緯を詳細に記述している、いわゆる『業務報告』ともいえる内容であり、業務を進める上で生じた技術的問題点が不明であったり、どのような応用性を発揮して問題解決に当たったのかを明確にしていなかったり、というものが多かったようである。そうなると、どのような応用性を発揮して技術的問題を解決したのかが確認できないために、受験者の『応用能力』を評価できず合格に至らなくなってしまう。このようなケースの口頭試験では、試験委員と受験者の間に『技術的対話』がなくなってしまい、往々にして「この業務で工夫した点は何なのか」、「他に何か技術士としてふさわしいと思われる業務はないのか」、「技術士の定義を知っているのか」といった試問が多くなってしまう。口頭試験の試験委員は、専門的な学識を有する研究者や技術者などが当たっている。そのため試験委員が、自分が専門としている事項について興味を持てる内容であれば自ずと『技術的対話』となり、それが受験者の合格に繋がっていた。

3.3　試験委員との技術的対話

　平成24年度までの口頭試験では、業務経歴に関する質問と「技術的体験論文」によって『受験者の技術的体験を中心とする経歴の内容と応用能力』の評価が行われていた。すなわち言い換えると、受験者の専門的応用能力の評価は、主として「技術的体験論文」の内容をもとにした試験委員と受験者との技術的対話を通じて行われていた。また、平成25年度試験からは「技術的体験論文に代わって、業務経歴票に技術的体験をより詳細に記載する」こととし、「業務経歴に根ざした技術的な体験」を口頭試験において確認することとしている（「　」内の表現は、パブリックコメントに対する文部科学省の考え方）。現在の試験においては、『技術士としての実務能力』の評価は、筆記試験における答案と実務経験証明書により試問されることになる。

　口頭試験は、通常2名から3名の試験委員によって行われる。口頭試験を担当する試験委員は、一般に試験委員自身が専門としている事項に基づいて、それぞれの技術士第二次試験の『専門とする事項』の内容別に振り分けられる。したがって、口頭試験において受験者は受験申込書に記入した『専門とする事項』と同種、あるいは類似の内容を専門としている試験委員から質問を受けることになる。ただし、試験委員は必ずしも受験者と全く同じ内容の業務を行っているわけではないという点を認識しておかなければならない。技術部門によってもその比率は異なるが、一般に試験委員は、大学の先生や中央官庁、またはその関係機関において指導的な立場にある人、あるいは民間企業における学識経験者などから選任されている。また、試験委員は必ずしも技術士資格を保有している人ばかりとは限らない。したがって、試験委員を専門家だと過信して、口頭試験の場で専門用語を並べるような応答は、マイナスにはなっても決してプラスにはならないという点を理解しておく必要がある。

　一方、技術的体験論文に代わって記載することになった『業務内容の詳細』と筆記試験における記述式問題の答案は、受験者が試験委員と技術的対話をするための1つの媒体といえる。『業務内容の詳細』に記載した内容をもとに、受験者の『技術士としての実務能力』を評価しようとする際に、単なるプロジェクトとして実施した業務報告になっていると、受験者の実務能力を適切に

評価することができなくなってしまう。技術的対話を成立させるためには、試験委員と受験者の知識レベルをできるだけ近づけるようにするとともに、口頭試験の目的を踏まえて『複合的な問題について解決のための課題を遂行したこと』を示すことが大切である。

3.4　技術的対話を成立させるための技術内容

実務経験証明書の一部として記載する『業務内容の詳細』は、720字以内である。平成24年度までの『技術的体験論文』が3,000字という制限字数であったことから、文字数としては1/4以下になっている。したがって『業務内容の詳細』は、試験の目的に沿った内容を、いかに十分かつ簡潔に示すかが重要になってくる。しかも、受験者と同一の技術部門・選択科目を専門としている試験委員に、「なるほど、この受験者は業務を遂行していくうえで生じた技術的な問題点に対して、技術者としての応用能力を十分に発揮して問題解決に当たっている」と思ってもらう必要がある。つまり『業務内容の詳細』は、実施した業務の内容を説明するだけのものではなく、技術的根拠をもとにした自己アピール文だという点を忘れないようにしなければならない。

口頭試験において試験委員は、『業務内容の詳細』について『記載内容が受験者本人のものかどうか』、『技術的な問題点が、受験者が受験申込書に記入している「専門とする事項」に係る技術分野といえるか』、『解決方策に専門的な応用性が認められるか』などを確認することになる。このような中で最も望ましい状況は、試験委員が問題解決策の内容に興味を持ってもらえたときである。このような場合には、質問内容はもっぱら解決策の技術的側面に関するものが多くなり、文字どおり『技術的対話』になってくる。しかもその内容は、自分が苦労して問題解決をした内容であるので、このような展開になってくれば、技術者としては水を得た魚のごとく何ら回答に詰まるような場面などはなくなってくる。しかしながら『業務内容の詳細』の内容が、アピールしようとする技術士としての実務能力が十分に示されていなかったり、解決すべき技術的問題点が不明確だったりすると、第2節でも述べたように、「この業務であなたが技術士としてふさわしいと思った点は何ですか」、「技術士とはどういうことをする技術者なのか知っていますか」といった、『技術的対話』とはかけ離れた

ネガティブな質問を受ける結果になってしまう。こうなると、もともと『技術士としての実務能力を示すための自己アピール文』という意識を持っていなければなおさらのこと、どう回答してよいものやら答えに窮してしまう結果になりかねない。

『業務内容の詳細』を介して試験委員との『技術的対話』を成立させるためには、『業務内容の詳細』を準備する段階から問題解決策としてのアピール点を明確にしておき、技術的根拠とともに自分には『高等の専門的な応用能力』があるという点を明確に顕示できるようにしておく必要がある。繰り返すようであるが、『業務内容の詳細』は単なる業務報告ではなく、技術的根拠をもとにした自己アピール文である。

ただし前述したように、実務経験証明書の『業務内容の詳細』に記載する文字数は、わずか720字以内となっている。そのため、詳細な数値や技術的論拠を示すのは難しいので、あくまでも試験委員との『技術的対話』ができる程度に、わかりやすいストーリー展開にすることが重要なポイントといえる。そして、「業務内容の詳細」に書き込めなかった定量的な数値等については、口頭試験の場で説明できるようにしておくことは必要不可欠である。

4.『業務内容の詳細』の書き方

　実務経験証明書の一部として記載する『業務内容の詳細』が、口頭試験においてきわめて重要な位置づけにあることはわかってもらえたと思う。本節では『業務内容の詳細』について総合技術監理部門を除く技術部門と総合技術監理部門について、それぞれ具体的な書き方を述べる。

4.1　総合技術監理部門を除く技術部門

(1)「立場」と「役割」

　技術士に求められるコンピテンシーのうち、「技術者倫理」には「業務履行上行う決定に際して、自らの業務及び責任の範囲を明確にし、これらの責任を負うこと」が示されている。『業務内容の詳細』では、取り上げた業務において受験者が、『技術的責任者としての役割（中心的役割）を果たしたのかどうか』、また『技術的責任者としての役割（中心的役割）を果たせる立場にあったのかどうか』を確認するために、「立場」と「役割」の記述を求めている。したがって立場としては、ある程度技術的責任者とみなせる役職を示す必要がある。ただし、若い技術者が技術士第二次試験を受験するような場合には、必ずしも「管理技術者」や「現場代理人」、あるいは「主任」や「課長」などのような、相応の役職になっていない場合が考えられる。このような場合には「主担当」などの表現で、自身が技術的な問題を主体的に解決できる立場であった点を示すようにしなければならない。

　一方、役割としては、前述したように『技術的責任者としての役割』をどのように果たしたのかを示す必要がある。具体的な業務上の役割と併せて、技術的な問題解決を図るために重要な役割を果たしたことがわかるようにすることが大切である。

(2)「成果等」

　実務経験証明書の『業務内容の詳細』の上枠には『当該業務での立場、役割、成果等』と示されている。しかしながら、3.1項「『業務内容の詳細』記入の目的」で述べたように、『業務内容の詳細』には『業務上の立場』、『役割』、『業務の成果』の3つだけを示せば良いというものではなく、『実務能力としてどのような応用能力を発揮したのか』を示すことが必要である。応用能力を発揮するためには、その理由が必要になってくる。それが、いわゆる『業務を進める上での技術的問題点』である。技術的な問題が生じたからこそ、その問題を解決するために知識や経験に裏打ちされた『応用能力』が必要になる。そして、その結果が『業務の技術的成果』に繋がってくる。令和元年度の試験制度改正によって対象とする問題は、「複合的なエンジニアリング問題や課題」となった。そのため、「安全性」や「コスト」、「環境」といった背景を考慮に入れた問題や課題を取り上げるようにする必要がある。

　したがって、ここで必要な点は次の3つになる。

　　①　業務を進める上での複合的なエンジニアリング問題や課題
　　②　解決策（提案）
　　③　業務の技術的成果

　すなわち、これら3つのことを『業務内容の詳細』の上枠では『成果等』と表現していることになる。

　技術的問題点は、できるだけ1つの事項だけを取り上げるとともに、解決策の内容は受験申込書の『専門とする事項』に合った内容であることが重要である。そして、この問題解決策こそが、『技術士としての実務能力』があるということをアピールするところで、最も重要なところである。エンジニアリング問題や課題の解決策は、単なる思いつきやその場しのぎの対応を述べるのではなく、技術的な工夫や応用性、すなわち他の技術分野における技術の利用、技術の組合せ、あるいは新たな知見をもとにした既存技術の改良・見直しなどのような独自性や新規性を示すことが大切になる。ここでは、特許を出願した、あるいは表彰を受けたというような内容だけを求めているわけではなく、今まで経験してきた業務の中で、実際に生じた複合的なエンジニアリング問題や課

題に対して、自分が苦労して解決に導いたというものがあれば十分である。そのため問題や課題は、自分の専門分野における要素技術の問題や課題を取り上げるようにすればよい。日々の業務における問題意識や問題に対する真摯な取り組みが、この『業務内容の詳細』では大きな武器になるといえる。

　そして技術的成果として述べるべき内容は、問題や課題の解決策に対する『成果』であり、プロジェクト（業務）全体の成果を述べるところではないという点に注意を払う必要がある。なお成果としては、可能であれば定量的な表現によって説得力のある内容にすることが大切である。例えばエンジニアリング問題として「安全性の確保」をテーマとするのであれば、自分が提案した解決策によってどの程度の「安全率」を確保できたのかを具体的に示すべきであり、「構造的な強度」をテーマとするのであれば、どの程度の「強度」にすることを可能にしたのかを示すようにしたい。

　また、技術とコストは不可分な関係になるケースが多い。「技術的成果」としては、前述したような成果と併せて、経済性に関する定量的な評価を示すことも必要である。

4.2　総合技術監理部門

　総合技術監理部門の受験者の多くは、すでに総合技術監理部門以外の技術部門の技術士第二次試験に合格している。それゆえ、そのときの技術的体験論文の内容を引きずってしまい、総合技術監理部門の「業務内容の詳細」にも「専門とする技術」に関する技術的問題の解決策を述べようとする人が多いが、それは全くの誤りである。

　総合技術監理部門の試験は、あくまでも『総合技術監理部門の技術士』としての適格性を評価しようとするものである。『業務内容の詳細』を記入するに際しては、総合技術監理部門の技術士に求められる能力を改めて確認しておく必要がある。総合技術監理部門の技術士に求められる能力とは、「業務全体を俯瞰し、業務の効率性、安全確保、リスク低減、品質確保、外部環境への影響管理、組織管理等に関する総合的な分析、評価を行い、これに基づく最適な企画、計画、設計、実施、進捗管理、維持管理等を行う能力とともに、万一の事故等が発生した場合に拡大防止、迅速な処理に係る能力」である。そのために、

総合技術監理部門の『業務内容の詳細』には専門技術の業務ではなく、業務を通じて「経済性管理」、「人的資源管理」、「情報管理」、「安全管理」、「社会環境管理」の5つの管理要素を念頭に置いた業務内容を述べる必要がある。

(1)「立場」と「役割」

「立場」と「役割」については、取り上げた業務において自分が『総合技術監理部門の技術者としての役割を果たせる立場にあったのかどうか』、また『総合技術監理部門の技術者としての役割を果たしたのかどうか』を明示することが必要である。

(2)「成果等」

業務内容の詳細として「成果等」を示す場合には、総合技術監理部門以外の技術部門と同じように『技術士としての実務能力をどのように発揮したのか』を示すことが必要である。そのためには『複合的なエンジニアリング問題や課題』－『問題や課題の解決策』－『成果や評価』をそれぞれ示すことになるが、ここでの『エンジニアリング』は『総合技術監理部門の技術』である点を忘れないようにする必要がある。

したがって、技術的な問題点としては「5つの管理分野のうち2つあるいは3つの分野が互いにトレードオフの関係になった事例」あるいは「業務を進めることが困難になるなど、プロジェクト全体のマネジメントに関する事例」などを取り上げる必要があるという点を理解しておかなければならない。そして論文で最も重要な『問題や課題の解決策』では、前述した総合技術監理部門の技術士に求められる実務能力を、どうやって十分に発揮することができたのかをアピールすることが大切である。そして、『成果や評価』にはできるだけ5つの管理要素の視点から、業務全体をいかに適切に監理できたのかを示す必要がある。

なお、総合技術監理部門においては「経済性管理」の一面として、コストは必要不可欠な論点になることが多い。そのため、『技術的成果』としてコストに係る定量的な評価結果があれば、それを示す必要がある。

5. 『業務内容の詳細』のテーマ選定

　ここで、口頭試験で評価される内容を改めて考えてみる。確かに「技術的体験論文」は廃止されたが、口頭試験で問われることは、「技術士としての実務能力を有するか否か」である。そのため、『リーダーシップ』を発揮しつつ、『適切なマネジメント』と『高度なコミュニケーション力』を用いて、複合的なエンジニアリング問題や課題を解決し、その『成果や波及効果を自ら評価』して、さらなる業務改善ができるということを示す必要がある。しかも、それが受験者自らの力によるものでなければならないので、独創性という視点もその中には含まれる。どうしても企業の中で仕事をしていると、日ごろはチームプレイをしてしまうが、そういった中から、自分が主体的に決定権を行使した業務を選定し、その成果が専門とする事項の中で次段階や別の業務の改善に使われていくものである点を説明する必要がある。それは技術的に大きな事項にとらわれることはない。大きな業務の中の一部であっても、効果が上がるものに自分の能力を発揮した部分があればそれで良いので、それを理解してもらえるような記述をしなければならない。また、『業務内容の詳細』は『技術士としての実務能力』が問われるということを、常に意識しながら記述することが重要である。したがって、受験者から見た『業務内容の詳細』を記載する目的は、極論すると『いかに自分が受験した技術部門・選択科目で技術士としての実務能力を発揮できたのかをアピールすること』といえる。しかし実際には、受験者の多くが『業務報告』的な意識でこの『業務内容の詳細』を書いてしまう危険性がある。そうなってしまったのでは、口頭試験の試問事項に適切に回答できなくなり、苦い結果をもたらすことになりかねない。

　合格を勝ち取るためには、『業務内容の詳細』を記載する目的をしっかり認識しておくとともに、この目的に合った内容を作成して提出する必要がある。しかも口頭試験においては、『業務内容の詳細』に関する質疑応答を通して、その内容が本当に受験者本人が主体となって、技術士としての実務能力を発揮

したものであるかどうかが入念に確認される。そのため、過去に行った業務の棚卸しを行うとともに、技術士としての実務能力を発揮したという点をアピールできそうな内容の抽出を行い、受験申込書作成時点でそれを業務経歴の内容として記載しなければならない。しかしながら、口頭試験を受けるときになって受験申込書を修正することはできないので、どのような『業務内容の詳細』を記載していたとしても、筆記試験に合格した場合には、口頭試験の中でそのハンディを跳ね返せる準備をしておかなければならない。基本的に、口頭試験はその中の受験者の回答によって合否が判定されるので、準備ができていれば、何とか合格を勝ち取れると考えられる。

　ところで、『業務内容の詳細』に示す業務を選定しようとする際、今までに行った業務の中からどの業務を取り上げたらよいのかという視点で考え始める人が多い。しかしながら、『業務内容の詳細』で求めているのは、あくまでも『技術士としての実務能力を発揮したもの』だという点を忘れないようにしなければならない。『技術士としての実務能力』を示すためには、これまで行ってきた業務を通じて、自分が実施した複合的なエンジニアリング問題や課題の解決策についてまとめるところから始めることが重要なのである。どの業務を取り上げるかではなく、どのような問題や課題があって、それをどのように解決したのかを整理し、その中から最も技術的に優れたものや技術的に困難であった内容を『業務内容の詳細』の対象業務として取り上げることが重要になる。

　『業務内容の詳細』の業務を選定するためには、最初にこれまでの自分の業務経歴を整理しておく必要がある。業務経歴の整理がついたら、『業務内容の詳細』に記載する業務の選定作業に入るが、その選定基準としては次のような項目が挙げられる。

① 複合的なエンジニアリング問題や課題点が明確であるか、またその問題点等が絞られたものであるか

② 問題や課題、その解決策が受験申込書に記入した「専門とする事項」と一致しているか

③ 自分が責任者として主役で実施したものであるか

④ 成果をもたらした解決策に独創性（応用性）や新規性があるか

　⑤　経済的効果が見られるかどうか

以上の項目を挙げた理由を下記に示す。

（1）複合的なエンジニアリング問題や課題点が明確であるか、また その問題点等が絞られたものであるか

　この項目については、エンジニアリング問題や課題が明確でなければ、設問の主旨から言っても論旨展開ができないので重要である。しかしながら、往々にして問題や課題が不明確なまま『業務内容の詳細』を書いてしまう人が多いと考えられる。結果として、このような『業務内容の詳細』は、試験実施側の主旨に合わない『業務報告』になってしまう場合が多い。さらにここで「問題点が絞られたものか」という点を付け加えているのは、複数の問題や課題を挙げてしまっているために、それぞれに対して複数の解決策を示さなければならなくなる場合がある。そうなると記述できる内容には字数の制限があるため、すべての解決策を示すことができなくなり、読む人にとっては漠然としたものになってしまう。しかも口頭試験の場において、複数の問題や課題がある業務では説明のポイントが絞れないので、短い時間での説明が難しくなるばかりではなく、試験委員も受験者の技術士としての実務能力を判定しにくくなる。短い文章で、質的に十分な内容を書こうとすれば、基本的には1つのテーマで業務の特徴を示すように心掛ける必要がある。

（2）問題や課題、その解決策が受験申込書に記入した「専門とする 事項」と一致しているか

　この項目は非常に重要である。業務経歴自体は技術的事項が書かれていれば特に問題とされないが、あくまでも技術士になるために受験する技術部門と選択科目を選択している。試験委員にしてみれば、「専門とする事項」の専門家として委員になっているので、そういった人たちが納得するためには、「専門とする事項」に関した業務について、『業務内容の詳細』が説明されている必要がある。受験申込書に記入した「専門とする事項」以外の技術内容を取り上げてしまうと、『業務内容の詳細』が担当する試験委員に合っていないというばかりではなく、受験申込書に記入した「専門とする事項」と実際の「専門とする

事項」が異なっているという理由によって、不合格の判定を受けてしまう結果になりかねない。問題や課題に対する解決策がいくら技術的に高度な内容であっても、『業務内容の詳細』が受験申込書に記入した「専門とする事項」と異なる内容と考えられる場合には、思い切って選択するテーマの対象から外すようにすべきである。令和元年度試験改正で、選択科目の統廃合が行われるとともに、選択科目の内容が変更されているので、選択科目表をじっくり確認して、選択ミスが生じないように、選択科目及び「専門とする事項」を決めることが重要である。

（3）自分が責任者として主役で実施したものであるか

この項目については、自分の業績を問われているので当然必要な事項である。また、自分が責任ある立場になければ、業務遂行上発生した問題や課題を解決するための処置を自らの判断で行うことはできないので、責任者として行った業務を取り上げる必要がある。そのため、『業務内容の詳細』の中では自分が責任者として果たした役割をはっきり示すとともに、問題や課題に対する解決策については主語を『私』にして、自分が行ったということが試験委員に明確に伝わるようにしなければならない。

（4）成果をもたらした解決策に独創性（応用性）や新規性があるか

『業務内容の詳細』は自分が技術士としてふさわしいということをアピールしようとしているものなので、独創性すなわち専門的な応用性や新規性は必要不可欠なものといえる。したがって、試験委員がこの応用性をもとに『技術士としての実務能力』を評価しようとしているという点を見失わないようにしたい。

（5）経済的効果が見られるかどうか

技術士となるためには経済性に配慮する姿勢は重要なので、『業務内容の詳細』には経済的効果を示す必要がある。この経済性については、『技術的成果』の中で技術面からの成果を明示したうえで、経済的側面からの成果としてどれだけコストを削減することができたのかを定量的に説明できることが望ましい。

したがって、経済的効果についても業務を選定する時点で考慮しておくことが必要である。

　なお、自分が発揮した応用能力が、単にその業務だけにしか適用できないものであれば、口頭試験での評価が低くなってしまう。そのために、技術的な将来性や発展性が見込める内容であることが望ましい。『評価』の項目が、口頭試験の試問事項の1つとなってからは、試験委員から『今後の展望』や『他分野への応用』、『現時点での再評価』、『今後の改善点』などの視点での試問がなされている。そのため、記載する業務を選定する時点からこのような点にも配慮しておくと、口頭試験時の苦労が少なくなる。

　ここに示した論文テーマ選定基準に基づいて、準備しておいた業務経歴の中からいくつかの業務とその技術テーマを整理していくが、ここで最も重要な点は、『業務内容の詳細』が、自分が技術士としてふさわしい実務能力を持っていることをアピールするものであるという点を見失わないことである。「果たして自分は、そんな高等な業務経歴を持っているのだろうか」と思っている人もいると思うが、これまでに技術士第二次試験に合格した人の多くも同様なのである。今までに経験した業務の中で技術的に苦労したと思われるものの中から、自分で考え工夫したという要素技術を選び出せば、それが十分に『業務内容の詳細』の技術テーマになり得る。大規模な仕事や難しい仕事を論文テーマとして選定するのではなく、自ら解決した技術的問題や課題にどのようなものがあったのかを探し出すことが大切である。

6. 『業務内容の詳細』に書くべきことと書く必要のないこと

実務経験証明書の『業務内容の詳細』の上枠に『当該業務での立場、役割、成果等』と示されている。しかしながら、ここまで述べたように『業務内容の詳細』の目的は、口頭試験において技術的体験をもとにした『技術士としての実務能力』をアピールすることにある。したがって、上段に記載されている内容をそのまま受けて『立場』、『役割』、『成果』の3つだけを示したのでは、目的を達することにならないのは明らかである。

ここでは、『業務内容の詳細』に記述する内容として書くべきことと書く必要のないことを、それぞれまとめて示すので実務経験証明書の『業務内容の詳細』を作成するうえで参考にしてもらいたい。

(1) 業務実施時期 (期間)

業務実施時期や業務実施期間は、業務経歴の「従事期間」で示しているので『業務内容の詳細』に重複して示す必要はない。

業務経歴欄には5つの枠しか設けられていないため一般的には、数年間をまとめて1つの枠に記載していることが多い。そして『業務内容の詳細』として挙げた業務は、その期間の中で行っている業務の1つを取り上げていると思われる。そこで、正確な実施時期を記入しようとする気持ちはわかるが、720字という字数制限の中で応用能力を示すためには、本当に必要な事項だけを記載することが大切である。そのために、業務経歴に記載している実施時期をさらに詳しく記入するようなことは避けるようにしたい。口頭試験の場で聞かれたときには、正確に答えられるようにしておく必要はあるが、『業務内容の詳細』で業務実施時期を改めて示す必要はない。

(2) 業務 (プロジェクト) の名称

日本技術士会の『受験申込み案内』に示されている『業務内容の詳細』の記

入例では、業務の位置づけを示す上で必要なことから、プロジェクトや業務の名称を記入した事例を挙げている。しかしながら、そういった特別な理由がない限りは、『業務内容の詳細』には、業務の名称等を記入する必要はない。特に、「○○年度□□道路予備修正設計業務」というような業務名称そのままが記入されている場合には、試験委員はそれだけでそこに書かれている内容が『業務報告』になっていると感じてしまう。『業務内容の詳細』の目的は『技術士としての実務能力』の評価をする資料にするためのものだということを忘れないようにしたい。

（3）固有名詞

　発注者名や地名、あるいは国道○○号線などのような固有名詞を『業務内容の詳細』に記述しているケースがあるが、これは不要である。

　繰り返すようであるが、業務経歴の一部として記載する『業務内容の詳細』の目的は、受験者がどのような応用性を発揮して業務遂行上の問題解決に当たったのか、という実務能力を確認することである。したがって、発注者が誰であろうと、どこの場所で行った業務であろうと、それらは受験者が採った解決策（応用性）とは関係ないのが一般的である。したがって固有名詞を使う理由はないはずであるが、前述したように固有名詞を使用したがる受験者が多い。どうしてもその固有名詞を使わなければ、技術的な説明が困難になるという場合にはもちろん特定の固有名詞を使うべきであるが、そうでない場合には固有名詞は不要である。『国道4号線の道路拡幅に係る設計業務において』という表現よりは『幅員○○m、片側2車線の道路拡幅に係る延長1.2 kmの設計業務において』というように、固有名詞ではなく技術的に必要な内容や数値を入れる方が重要である。

（4）「課題」や「問題点」の数

　第5節の「『業務内容の詳細』のテーマ選定」でも触れたが、基本的には1つのテーマ（問題や課題）に対して、その解決のために発揮した応用能力を示すことが必要である。複数の問題や課題とそれらの解決策を挙げようとしてしまうと、720字という字数制限には収まらなくなってしまう。ましてや口頭試験

の場において、複数の問題や課題とそれぞれの解決策を述べようとすると説明が難しくなるばかりではなく、試験委員も受験者の応用能力を評価しにくくなるのは当然である。業務を進める上での課題や問題点は、基本的には1つという考えでまとめるようにすることが大切である。

(5) 必ず書かなければならない技術的解決策

何度も繰り返すようであるが、『業務内容の詳細』を記載する目的は、受験者が業務を遂行していく上で生じた複合的なエンジニアリング問題や課題に対して、専門的な応用能力を使って解決したことをアピールしようとするものである。ところが、業務の経緯を説明しているだけで、何ら応用性が示されていない例は多い。このような『業務内容の詳細』の場合に試験委員は、口頭試験に合格させてあげたいという思いから、「提出された実務経験証明書に記載された業務内容の詳細で応用性を発揮した点はどういうところですか？」というような試問をすることがある。これは、『業務内容の詳細』の記載からはその応用性を見出せなかったが、口頭で明確な説明をしてもらえるのなら、少しでも合格点に近づけてあげようというという気持ちで発する試問の1つといえる。しかしながら、往々にしてこのような『業務内容の詳細』を提出している受験者は、最初から『実務能力としての応用性をアピールする』という意識がないのだから、突然「応用性は何か」と問われても回答できないことが多い。口頭試験の場で慌てることがないように、実務経験証明書の『業務内容の詳細』には、求められている内容を最初から示しておくということが合格のためには必要である。

(6) 書くべき「技術的提案の成果」と書く必要のない「プロジェクトの成果」

『業務内容の詳細』の上枠には、『当該業務での立場、役割、成果等』と示されているのだから、『成果』は必ず記入しなければならないが、ここで求めている『成果』は業務を遂行する上で生じた複合的なエンジニアリング問題や課題に対して自身が採った解決策の技術的成果、すなわち応用能力を発揮したといえる技術的提案によって得られた『成果』である。

　技術士試験は、個人の資格試験である。企業やプロジェクトの宣伝をするところではないことを考えれば、プロジェクト（業務）全体の成果は求めていないのはわかるはずである。よって、「業務を工期内に無事故で終えることができた」などという、プロジェクト（業務）全体の成果は書く必要はないということを理解しておく必要がある。

(7)　書くべき「現時点における技術的評価や今後の展望」

　前述したように、口頭試験の試問事項の1つに『評価』の項目が明示されるようになった。その結果、次段階や別の業務の改善に資するために「業務遂行上の各段階における結果、最終的に得られる成果やその波及効果を評価すること」が必要になった。その評価は、現時点における技術水準を1つのスケール（ものさし）とすることができる。例えば、『近年になって改訂された設計指針では、私が提案した内容と同様の考え方が取り入れられるようになっている。したがって、当時私が行った技術的問題点に対する解決策は妥当だったと評価できる。』というような点も、技術的評価の内容になってくる。このような見方で述べるべき技術的評価をすると、自分が採った解決策すなわち提案内容が技術的に妥当であったのかどうかが明らかになってくる。『業務内容の詳細』には、「現時点における技術的評価」を述べる必要がある。

(8)　書いてはいけない「図表」

　平成24年度試験までの技術的体験論文は、技術文書の一つとして技術論文や技術的な報告文と同様に、図や表は不可欠なものであった。それは、図や表が文章で述べるよりもはるかにたくさんの情報量を有しているとともに、試験委員にとっても口頭試験の場において受験者が説明している内容を、図や表を見ながら容易に確認することができたからである。しかしながら、『業務内容の詳細』の記入形式として『図表は不可』とされている。わずか720字の説明文で図や表を入れてしまうと、必要事項が書ききれないのは当然のことであるが、図や表は入れてはいけないとされているので注意が必要である。

7.『業務内容の詳細』例（8例）

　本節は、『業務内容の詳細』の例をいくつか違ったパターンで示して、その違いによって、口頭試験で質問される流れの違いを理解してもらうのが目的である。そのためには、どういった経験を取り上げたかを知ってもらう必要があるので、平成24年度試験まで内容を詳細に説明していた「技術的体験論文」の形式で内容を示したものを読んでもらい、それに相応する『業務内容の詳細』の記述パターン別に、口頭試験での試問例を確認してみる。ここで取り上げている「技術的体験論文」は、どれも技術的問題点に対する解決策（提案内容）が技術士としての実務能力といえる『専門的応用能力』を発揮していると認められる内容になっている。それを読んで『業務内容の詳細』で示されている内容とのギャップを理解してもらい、試験委員がどういった点に興味を持って質問をするかを理解してもらいたい。

　そのために、ここでは同じ「技術的体験論文」の内容をもとに『できるだけ応用能力を示すように文章でまとめた』記載例の「例1」、『求められている項目立ての形でまとめた』記載例の「例2」、そして『不十分な内容』になっている記載例の「例3」という3つのパターンを挙げている。また技術部門としては、上下水道部門1例、建設部門3例、機械部門1例、電気電子部門1例、合わせて6編の記載例を示している。自分が受験する技術部門にとらわれることなく、何をどのように『業務内容の詳細』として記載したらよいのかという視点ですべての論文例を確認するとともに、あなた自身が『業務内容の詳細』を作成していく際の参考にしていただきたい。なお、令和元年度試験からは、口頭試験に冒頭の試問にさまざまなパターンが生じているので、それらのパターンを下記の6編で再現している。そのため、自分の受験する技術部門・選択科目に固執することなく、すべての例について読んで、口頭試験で実施されているパターンを認識してもらいたい。

　さらに、6編の一般技術部門の論文例に加えて、総合技術監理部門の例も

2例紹介している。総合技術監理部門では、『専門技術に関する応用能力』を
アピールするのではなく、一変して『総合技術監理』という立場に立った『監
理（管理）上の問題解決』に関する内容になっているという点に留意してもら
いたい。総合技術監理部門では、特有の試問パターンがあるので、それを確実
に理解してもらいたい。

（1）技術的体験論文例-1（上下水道部門：上水道及び工業用水道科目）

年度　技術士第二次試験〈技術的体験論文〉

受　験　番　号	1001B00XX		氏　名	技術　一郎

技　術　部　門	上下水道部門
選　択　科　目	上水道及び工業用水道
専門とする事項	浄水

経験業務１：凝集剤の注入点の変更による凝集沈殿効果の改善策

【業務概要】 S国の浄水場改修業務において、高速凝集沈殿池でのスラッジブランケット（以下S/Bとする）の生成不良が業務を進める上での課題であった。そのため、生成不良の原因を明らかにするとともに、大規模な改修をせずに凝集効果をいかに改善するかが技術的問題点となった。調査の結果から、S/B生成不良の原因は、沈殿池直前にある分水桝で生じる水の越流落下と渦流により、生成途上にあるフロックが破壊されるためであると考えた。そこで私は、沈殿池を設計するにあたり、凝集剤の注入点を従来の撹拌槽から分水桝に変更するとともに、ここでの流水エネルギーを撹拌作用に利用することによりフロックの破壊を防ぐ工夫を行い、技術的問題の解決を図った。

経験業務２：原水濁度の低減策に応用したスワール沈砂池

【業務概要】 G国における処理水量2.4万m^3／日の浄水場の改修設計業務において、取水する河川の濁度が雨期に浄水施設の処理能力を超えるため、度々取水の停止をせざるを得なかった。本業務では限られた既設用地内で、原水濁度による浄水施設への負荷をいかに軽減できるようにするかが技術的問題点となった。私は、合流式下水道で固液分離効果を備えた分水槽として開発された「スワール装置」が沈砂池の前処理として有効であることを技術的に立証し、本設計に適用することにより、上記の技術的課題を解決した。

以下、経験業務２について詳述する。

１．私の立場と役割

私は主任技術者の立場で、業務の計画から設計を発注者との協議を含めて担当するとともに、業務の中で発生した技術的問題に対して、下水道の分野で実用化されている前処理施設の適用により問題の解決を図ること等で、技術的責任者としての役割を果たした。

２．業務を進める上での課題及び問題点

取水口に隣接する沈砂池は、容量4,000m^3、水面積負荷32m^3／m^2日（表面負荷率2.2cm／分）を有し、普通沈殿池に近い沈殿能力であり、沈砂池としては十分な余裕を備えていた。しかしながら、池底の排泥弁（φ300mm）が４ヶ所しかなく、汚泥掻き寄せ装置もないため、排泥能力が極端に小さかった。その上、池の構造が１連式であったため、溜まった泥土の排除には２日間にわたり取水を停止しており、雨期にはこれを毎月２回実施しなければならなかった。さらに、約5km離れた浄水場の高速凝集沈殿池は、流入水の濁度が1500度を越えると処理できなくなるため、雨期には度々取水を停止せざるを得ず、市民生活への影響が生じていた。このような状況の中で業務を進める上での課題は、少ない費用でいかに既設沈砂池の余裕を活かした池の改造をするかということであった。

私は、本施設の機能診断をもとに「２連化のための隔壁設置」、「汚泥掻き寄せ機の設置」、「排泥弁の増設」等を考えたが、次の２つの理由で、これらを実現することができなかった。①沈砂池の基礎構造が上記の改造に耐えられないため、全面的かつ大規模な改修工事が必要になる。②１連式沈砂池であるため、水の迂回が困難であり改造工事に伴う長期間

受　験　番　号	1001B00XX		氏　名	技術　一郎

の給水停止ができない。そこで既設沈砂池の容量を活かし、問題とされた排泥機能の負担を減じるために、新たな沈砂池を前処理として建設するのが最適な対応策と考えたが、標準設計で求めた沈砂池の構造は、内寸法「幅 6m×長 20m×深 3.5m」となり、取り付け水路を含めると既設用地に納まらなかった。さらに、新規処理施設においても依然として大量の土砂排除の問題が残されていることから、限られた用地に設置でき、かつ効果的な土砂排除機能を備えた前処理施設をいかに導入するかが技術的問題点になった。

3．私が行った技術的提案

　私は、合流式下水道において、降雨時に余水吐からの排水による河川汚染を防止するため固液分離効果を備えた分水槽として実用化されている「スワール装置」を前処理施設に応用することを考えた。スワール装置は図-1に示すとおり、円形池の接線方向に導かれる水流によって緩やかな渦流（1次流）を発生させ、同時に池底の中央にある排水口から常時一定水量を抜き取ることにより、池底中心部へ向かう水流（2次流）を発生させる。砂などの固体は、重力により1次流の中で徐々に沈降し、池底の堆積物は2次流により池の中心方向に引寄せられ、濃縮水として排除される。下

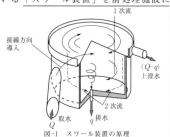

図-1　スワール装置の原理

水道の場合、濃縮水は下水処理場へ送って処理し、池上部の上澄水は河川へ放流することにより、河川汚濁を防いでいるが、私はこの機能を逆に、濃縮水を河川へ還流し、上澄水を沈砂池へ導くことを考えた。

　しかしながら、スワール装置の設計は、日本における実証施設の経験データに基づいてなされており、本施設が他国での異なる自然条件の下でも適応できることを実証する必要があった。そこで、降雨時の原水に含まれる懸濁物質について、粒子毎の体積分布を実測し、「スワール装置」と「普通沈砂池」の2案について性能を比較した。その結果、図-2に示すとおり、流量変動により水面積負荷が大きく変化しても、スワール装置が常に高い砂分の除去率を有することを証明した。

4．技術的成果

　私の技術的提案の結果、施設の小型化に加えて機械装置が不要になり、建設費は当初考えた普通沈砂池に比べて約60％に縮減でき、工期の短縮も可能とした。運用面では降雨時の浄水施設の取水停止期間が従来の30％以下となったほか、既設沈砂池の排泥作業が3ヶ月に1回で済むようになり、維持管理の労力軽減に寄与した。

図-2　スワール装置と普通沈砂池の機能比較

5．現時点での技術的評価及び今後の展望

　現在、日本ではスワール分水槽の小型化技術の向上に伴い、用地が限られた都市部への導入が進み、合流式下水道による河川の汚染防止に貢献してきている。スワール装置は上水道施設として標準化されていないため応用例は少ないが、本業務で実証した沈砂池等への応用範囲は広いと考える。今後は、スワール装置の上水道への設計資料に供するために本施設における砂除去効果をモニタリングし、定量的評価を加えていきたい。　　　　以上

(a) 『業務内容の詳細』例1

業務内容の詳細

当該業務での立場、役割、成果等
G国における処理水量2．4万m³／日の浄水場の改修設計業務を行った。私は、主任技術者の立場で、業務の計画から設計を発注者との協議を含めて担当するとともに、業務の中で発生した技術的問題に対して、下水道の分野で実用化されている前処理施設の適用により問題の解決を図ることで、技術的責任者としての役割を果たした。本改修設計業務においては、取水する河川の濁度が雨期に浄水施設の処理能力を超えるため、度々取水の停止をせざるを得なかった。そのために新たな沈砂池を前処理として建設するのが最適な対応策と考えたが、標準設計で求めた沈砂池の構造では取り付け水路を含めると既設用地に納まらなかった。さらに、新規処理施設においても依然として大量の土砂排除の問題が残されていることから、いかにして限られた用地に設置でき、かつ効果的な土砂排除機能を備えた前処理施設を導入するかが技術的問題点になった。私は、合流式下水道において、降雨時に余水吐からの排水による河川汚染を防止するため固液分離効果を備えた分水槽として実用化されている「スワール装置」を前処理施設に応用することを考えた。下水道の場合、濃縮水は下水処理場へ送って処理し、池上部の上澄水は河川へ放流することによって河川汚濁を防いでいるが、私はこの機能を逆に、濃縮水を河川へ還流し、上澄水を沈砂池へ導くことを考えた。そして実証実験の結果によって常に高い砂分の除去率を有することを証明し、本業務への適用を図った。その結果、施設の小型化に加えて機械装置が不要になり、建設費は当初考えた普通沈砂池に比べて約60％に縮減でき、工期の短縮も可能とする成果を上げることができた。　　　　　　　　　　　　　　　　　以上

　この記述では、ほぼ試験委員が知りたいことは述べられているので、この内容が受験者自身の経験によるものであるかどうかを中心に質問するパターンになると考えられる。そういった状況から、下記のような試問が想定される。

・「スワール装置」について詳しく説明してください。

・合流式下水道で実用化されている「スワール装置」を、浄水場に利用しようという考えに至った経緯について述べてください。

・その後、この方式による設計を行った事例はありますか。

(b)『業務内容の詳細』例2

業務内容の詳細

当該業務での立場、役割、成果等
1．業務での立場と役割

1．業務での立場と役割

　私は、主任技術者の立場で、業務の計画から設計を発注者との協議を含めて担当するとともに、業務の中で発生した技術的問題に対して、下水道の分野で実用化されている前処理施設の適用により問題の解決を図ることで、技術的責任者としての役割を果たした。

2．業務の成果

　本業務はG国における処理水量2．4万m³／日の浄水場の改修設計業務を行ったものである。本業務においては、取水する河川の濁度が雨期に浄水施設の処理能力を超えるため、度々取水の停止をせざるを得なかった。そのために新たな沈砂池を前処理として建設するのが最適な対応策と考えたが、標準設計で求めた沈砂池の構造では取り付け水路を含めると既設用地に納まらなかった。さらに、新規処理施設においても依然として大量の土砂排除の問題が残されていることから、いかにして限られた用地に設置でき、かつ効果的な土砂排除機能を備えた前処理施設を導入するかが技術の問題点になった。私は、合流式下水道において、降雨時に余水吐からの排水による河川汚染を防止するため固液分離効果を備えた分水槽として実用化されている「スワール装置」を前処理施設に応用することを考えた。そして実証実験の結果によって常に高い砂分の除去率を有することを証明し、本業務への適用を図った。その結果、施設の小型化に加えて機械装置が不要になり、建設費は当初考えた普通沈砂池に比べて約60％に縮減でき、工期の短縮も可能とした。　以上

　　この記述では、下水道で使われている「スワール装置」をどのように上水道に適用したのかの具体的な記述がないため、誰かから聞いた業務内容であるのではないかという危惧を持って試験委員は質問をしてくると考えられる。そういった状況から、下記のような試問が想定される。

　　・「スワール装置」は、濃縮水を下水処理場へ送るものだと思いますが、
　　　これを浄水場にどうやって応用したのかを具体的に説明してください。
　　・比較案として、他の方法で前処理を行う検討は行わなかったのですか？
　　・実証実験の内容について説明してください。

（c）『業務内容の詳細』例3

業務内容の詳細

当該業務での立場、役割、成果等
1．業務での立場と役割 　私は、主任技術者の立場で、業務の計画から設計を発注者との協議を含めて担当するとともに、業務の中で発生した技術的問題に対して、下水道の分野で実用化されている前処理施設の適用により問題の解決を図ることで、技術的責任者としての役割を果たした。 2．業務の成果 　私は、合流式下水道において、降雨時に余水吐からの排水による河川汚染を防止するため固液分離効果を備えた分水槽として実用化されている「スワール装置」を前処理施設に応用することを考えた。そして実証実験の結果によって常に高い砂分の除去率を有することを証明し、本業務への適用を図った。その結果、施設の小型化に加えて機械装置が不要になり、建設費は当初考えた普通沈砂池に比べて約６０％に縮減でき、工期の短縮も可能とする成果を上げることができた。　　　　　　　　　　　　　　以上

　この記述では、業務の成果だけが示されているので、何が技術的問題点なのかを確認してくると考えられる。また、適用上の工夫点についても補足を求めてくると考える。そういった状況から、下記のような試問が想定される。

　・この業務の技術的な問題点はどういうことですか？

　・この業務が技術士としてふさわしいと考えた理由を説明してください。

　・下水道で使われている「スワール装置」を、そのまま浄水場には適用できないと思いますが、何か工夫した点はあるのですか。

(2) 技術的体験論文例-2（建設部門：河川、砂防及び海岸・海洋科目）

年度　技術士第二次試験〈技術的体験論文〉

受　験　番　号	0904B00XX		氏　名	技術　二郎

技　術　部　門	建設部門
選　択　科　目	河川、砂防及び海岸・海洋
専門とする事項	河川構造物

経験業務1：ドレーンの配置による越流堤水叩きの浮き上がり防止対策

【業務概要】調節池の流入部における高さ10m、4割勾配の越流堤計画業務において、越流堤には水頭差4mの揚圧力が作用し、浮き上がり対策で厚さ2mの水叩きが必要になった。しかしながら2mの厚さの水叩きは、越流堤下の橋台のフーチングと干渉するため、いかに薄くしかも安全な水叩き構造とするかが技術的問題となった。私は、これまでに事例のない工法ではあるが、水叩き底面にドレーンを配置し、越流堤の両端まで残留水を横引排水するという工夫を行うことによって技術的問題の解決を図った。

経験業務2：セメント改良による低水路河床の不透水層構築

【業務概要】延長500mの都市河川の低水路詳細設計業務において、河床地盤の透水により水涸れが発生していたため、その対策としてセメント改良をした粘性土によって河床の不透水層を構築し、水量の確保を図ることを考えた。しかし、これまでに低水路河床をセメント改良した事例はなく、魚類への影響を主とした水辺環境に及ぼす影響と、河川の流速に耐えうる河床構造づくりが技術的問題になった。私は、pH値の上昇を抑える低アルカリ形セメントを用いて水辺環境に配慮すると共に、適切なセメント添加量と河床厚を検討することによって技術的問題の解決を図った。本業務について以下に詳述する。

1．私の立場と役割

私は設計担当の責任者の立場で、河川の設計ならびに発注者との打合せ協議を行うとともに、業務を遂行する上で生じた技術的問題に対して、低アルカリ形セメントによる河床の改良を提案することで、技術的責任者としての役割を果たした。

2．業務を進める上での課題及び問題点

当該河川は、都市内で身近に自然にふれあうことができるオープンスペースとして河川整備が積極的に行われていた。しかし、河川流量は年平均流量が0.8m³/sと少なく、渇水期には河床延長の約50%程度で水涸れが発生しており、水辺の生物や魚類等の生育環境が消失していた。水涸れ原因について調査確認した結果、基底流量の減少が直接の原因ではあるが、河床地盤の透水性が高い箇所で主に水涸れを起こしていることがわかった。そこで水涸れ解消のため、河床の不透水層の構築が業務を進める上での課題となった。

私は当初、河床材料として粘性土被覆工法を提案したが、不透水層材料に適する良好な粘土の入手が困難で、発注者からは近傍の造成工事で発生する関東ロームを利用したいとの要望があった。しかし関東ロームの侵食限界流速が1.0m/s程度であるのに対し、当該河川の洪水時の流速は2.3m/sと侵食限界流速を上回る状況にあった。一般には、洪水時の流速が速い場合の低水路河床にはコンクリート構造を用いるが、多自然型の整備として望ましくない。また、カゴマットによる洗掘対策も考えたが、美観と子供の水遊びの障害となる恐れがあった。そこで、河床の侵食防止対策として関東ロームをセメント改良することを考えたが、セメント改良は、低水路河床の構築に用いられた事例や技術基準がなく、またセメントからの溶出成分により、魚類等への影響が懸念された。そのため、いかに魚類

受 験 番 号	0904B00XX		氏　名	技術　二郎

への影響が少なく、河川の流速に耐えうる河床構造とするかが技術的な問題点となった。

3．私が行った技術的提案

1）洪水に流されないセメント添加量と地盤改良厚さ

　セメント添加量については、洪水時に流出しない強度に地盤強度を高める必要があった。粘性土河床の強度と限界侵食流速の関係について、定量的な基準は定められていないため私は、土木研究所が発表している表-1の関係から、洪水時の流速 2.3m/s より一軸圧縮強度 qu＝3kgf/cm² とした。そこで、セメント添加量は図-1 より 170kgf/m³ と定めた。

表-1　粘性土の一軸圧縮強度と限界侵食速度の関係

一軸圧縮強度 q_u(kgf/cm²)	限界侵食速度 V_m（m/s）
0.25〜0.5	1.0
0.5〜1.0	1.5
1.0〜2.0	2.0
2.0〜4.0	2.5

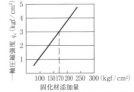

図-1　関東ロームのセメント添加量と一軸圧縮強度

　また、地盤改良の厚さは次の3つの面から検討を行い、50cm とした。

①洪水時の外力による検討　洪水時に作用する水圧が最も厳しいケースとなる。水圧 W＝3t/m² に対し一軸圧縮強度は qu＝30tf/m² と大きな強度を有しているため、外力に対しては十分に安全であると判断した。②残留水位作用時の浮き上がり検討　残留水圧（河床厚 D＋低水路深さ 50cm）が河床に作用した場合において、河床自重と水路内水重で浮上り安全率を満足する厚さは最少50cmである。③地盤の透水性　関東ロームの透水係数 k＝1×10⁻⁴に対して、セメントを添加することにより k＝1×10⁻⁷ まで低下することを土質試験によって確認し、不透水層として問題ないと判断した。施工面からの地盤改良の最小厚さは 20cm 程度である。

2）河川環境に配慮したセメント改良工法の提案

　セメントからの溶出成分により河川水の pH 値が上昇して、魚類等への影響が懸念された。水槽内にセメント改良土を入れて供試魚を飼育した魚体観察実験によると、pH 値9以下では異常は見られない結果が報告されている。そこで pH 値9以下を目標として、セメント材料は低アルカリ形セメントの採用を検討した。地盤改良後の pH 値を確認するため、同河川で試験施工区間を設け、上記で定めた条件にて地盤改良を実施した。pH 値測定は1年間実施し、同河川の平均 pH 値8.3に対し、改良直後 pH 値8.5と上昇したものの、1ヶ月後は平常 pH 値に低下して目標値の9以下を示し、安全であることを確認した。

4．技術的成果

　水涸れ防止の抜本的対策は、安定した流量の確保であり、具体的には流域の浸透施設整備や下水道高次処理水の放流等が考えられる。ここでは暫定的な整備ではあるが、関東ロームをセメント改良して河床不透水層を構築するという目標を達成することができた。

5．現時点での技術的評価及び今後の展望

　工事完成から2年が経過したが不透水層は維持され、水涸れは無く以前にも増して多様な水辺生物や魚が住むビオトープが形成され、大都市近郊で同じ問題を抱える他の河川にも適用可能な対策を提案したことは評価できる。今後は急硬性の低アルカリ性セメント材料の利用等によって環境によりいっそう配慮することが考えられる。今後は、河床の経年的変化について追跡調査を行い、河床構造を定量的に設計する方法を確立したい。　　以上

(a)『業務内容の詳細』例1

業務内容の詳細

当該業務での立場、役割、成果等
延長５００ｍの都市河川の低水路詳細設計業務において、私は設計担当の責任者の立場で、河川の設計ならびに発注者との打合せ協議を行い、業務を遂行する上で生じた技術的問題を解決することで技術的責任者としての役割を果した。この河川は、都市内で身近に自然にふれあうことができるオープンスペースとして河川整備が積極的に行われていたが、河川流量は年平均流量が０．８m³／sと少なく、渇水期には河床延長の約５０％程度で水涸れが発生しており、水辺の生物や魚類等の生育環境が消失していた。水涸れ原因について調査確認した結果、基底流量の減少が直接の原因ではあるが、河床地盤の透水性が高い箇所で主に水涸れを起こしていることがわかった。私は、その対策としてセメント改良をした粘性土によって河床の不透水層を構築し、水量の確保を図ることを考えたが、セメント改良が低水路河床の構築に用いられた事例や技術基準がなく、セメントからの溶出成分によって魚類等への影響が少なく、河川の流速に耐えうる河床構造とするかが技術的な問題点となった。私は、魚体観察実験をもとに異常が見られなかったｐＨ値9以下を目標として、低アルカリ形セメントの採用を提案するとともに、①粘性土河床の強度と限界侵食流速の関係、②洪水時に作用する水圧、③残留水圧が河床に作用した場合の浮き上がり、④地盤の透水性などから、適切なセメント添加量と河床厚を提案することによって技術的問題の解決を図った。その結果、関東ロームをセメント改良して河床不透水層を構築することを可能にし、それによって河川の水涸れを無くするとともに、以前にも増して多様な水辺生物や魚が住むビオトープを形成させるという技術的な成果を達成した。　　以上

　この記述では、ほぼ試験委員が知りたいことは述べられているので、論文例−1と同様に、この内容が受験者自身の経験によるものであるかどうかを中心に質問するパターンもあるが、業務経歴全般に対する試問の可能性もあるので、そのパターンの試問例を示す。

- ・これまでの業務経歴の中で最もリーダーシップを発揮できた事例を具体的に説明してください。
- ・過去の失敗を挙げ、それをどう生かしているか話してください。
- ・コミュニケーションを必要とした業務について具体的に話してください。

（b）『業務内容の詳細』例2

業務内容の詳細

当該業務での立場、役割、成果等
1．業務での立場と役割 　私は設計担当の責任者の立場で、河川の設計ならびに発注者との打合せ協議を行うとともに、業務を遂行する上で生じた技術的問題に対して、低アルカリ形セメントによる河床の改良を提案することで、技術的責任者としての役割を果した。 2．業務の成果 　延長５００ｍの都市河川の低水路詳細設計業務において、河床地盤の透水により水涸れが発生していた。私は、その対策としてセメント改良をした粘性土によって河床の不透水層を構築し、水量の確保を図ることを考えたが、セメント改良が低水路河床の構築に用いられた事例や技術基準がなく、セメントからの溶出成分によって魚類等への影響が少なく、河川の流速に耐えうる河床構造とするかが技術的な問題点となった。私は、魚体観察実験をもとに異常が見られなかったｐＨ値9以下を目標として、低アルカリ形セメントの採用を提案するとともに、①粘性土河床の強度と限界侵食流速の関係、②洪水時に作用する水圧、③残留水圧が河床に作用した場合の浮き上がり、④地盤の透水性などから、適切なセメント添加量と河床厚を提案することによって技術的問題の解決を図った。その結果、関東ロームをセメント改良して河床不透水層を構築することを可能にし、それによって河川の水涸れを無くするとともに、以前にも増して多様な水辺生物や魚が住むビオトープを形成させるという技術的な成果を達成した。　　　　　　　　以上

　この記述では、当該河川の位置づけに関する記述がないために業務の目的が不明確という点から、試験委員は業務を進める上での課題が何なのかの質問をしてくると考えられる。そういった状況から、下記のような試問が想定される。

・この河川を整備する目的は何だったのかを説明してください。

・対象とした河川の位置づけと、河川の年平均流量がどの程度あったのかを述べてください。

・「多自然川づくり」を進める上で留意すべき点について述べてください。

（c）『業務内容の詳細』例3

業務内容の詳細

当該業務での立場、役割、成果等
1．業務での立場と役割 　私は設計担当の責任者の立場で、河川の設計ならびに発注者との打合せ協議を行うとともに、業務を遂行する上で生じた技術的問題に対して、低アルカリ形セメントによる河床の改良を提案することで、技術的責任者としての役割を果した。 2．業務の成果 　私は、ｐH値9の上昇を抑える低アルカリ形セメントを用いて水辺環境に配慮すると共に、適切なセメント添加量と河床厚を検討することによって技術的問題の解決を図った。 　その結果、関東ロームをセメント改良して河床不透水層を構築することを可能にし、それによって河川の水涸れを無くするとともに、以前にも増して多様な水辺生物や魚が住むビオトープを形成させるという技術的な成果を達成した。　　　　　　　　　　　　　　　　　　　　　　　　　　　　　　　以上

　　この記述では、業務の成果が主として示されているだけなので、どのような業務内容なのか、何が技術的問題点なのか等の質問を求めてくると考えられる。また、アピールしようとしている工夫点についても補足を求めてくると考える。そういった状況から、下記のような試問が想定される。

　　・取り上げた業務の概要を説明してください。

　　・この業務の技術的な問題点はどういうことですか？

　　・技術的問題点を解決する上で、あなたが工夫したことは何ですか？

（3）技術的体験論文例-3（建設部門：鋼構造及びコンクリート科目）

年度　技術士第二次試験〈技術的体験論文〉

受 験 番 号	0902B00XX		氏 名	技術 三郎

技 術 部 門	建設部門
選 択 科 目	鋼構造及びコンクリート
専門とする事項	鋼構造

経験業務1：施工計画の工夫による暫定施工時の偏心モーメント軽減策

【業務概要】PC2径間連結コンポ橋の暫定2車線の実施設計業務において、下部工は既に完成4車線、上下線一体の形で施工が完了していた。ところが、上部工を暫定2車線で架設すると下部工の安定を確保することができなくなり、いかに経済的に上部工の偏心荷重を減らすかが技術的問題となった。しかし、単に上部工重量を減らして偏心を軽減する対策では鋼床版桁などの形式になり、工事費が40%以上増加する。そこで私は、当初のコンポ桁形式のままで暫定2車線分に加えて、完成車線側の主桁1本を暫定時に取り込んで施工することで偏心モーメントを軽減する方法を提案し、技術的問題の解決を図った。

経験業務2：減衰性能に着目した免震支承による既設下部工の耐震性確保

【業務概要】上部工架設前の地震時水平力分散支承（以下「分散支承」という）を用いた既設RC橋脚の設計において、非線形動的解析（レベル2）による耐震安全性の照査を行った。その結果、橋脚躯体の応答塑性率と支承のせん断ひずみが許容値を満たさないことが判明した。しかし、鋼上部工は製作済みであったため、橋脚躯体や支承形状を変更せずに、いかに耐震性を確保するかが技術的問題となった。私は、減衰性能に着目した免震支承を適用することで技術的問題の解決を図った。本業務について以下、詳述する。

1．私の立場と役割

私は管理技術者として業務全体の計画、設計ならびに指導を行うとともに、業務を遂行する上で生じた技術的問題を解決することによって、技術的責任者としての役割を果たした。

2．業務を進める上での課題及び問題点

平成11年当時、ゴム支承を用いた地震時水平力分散構造の橋梁で、地震時保有水平耐力法（以下「保耐法」という）で設計された橋梁は、その適用に問題があることが指摘されていた。保耐法自体が、1自由度系のモデルに関するエネルギー一定則に基づいているため、本橋のような分散支承を有する2自由度系モデルなど高次モデルへの適用に問題があったためである。本橋もそういう背景の中で、上部工架設前に保耐法で設計された橋を非線形動的解析で安全性を照査した。その結果、応答塑性率と支承のせん断ひずみの安全性の確保が業務を進める上での課題になった。一般的な対策としては、橋脚躯体の補強、支承形状の変更等が考えられたが、①支承の形状変更は台座コンクリートの形状を大きくする必要があるため、新たに梁天端の削孔、補強鉄筋の追加が必要である。②躯体の補強は中央分離帯の建築限界よりRC巻立てが難しいため、鋼板巻立て等不経済な工法となる。という2つの問題があった。さらに、鋼上部工は製作済みであったことから、橋脚躯体や支承形状を変更せずに、いかに耐震性を確保するかがこの業務での技術的問題になった。

3．私が行った技術的提案

私は技術的問題の解決策として、分散支承を免震支承に変更することで橋梁の減衰性能を高め、応答加速度を減らすことで耐震安全性を確保した。以下にその理由を述べる。

3-1）支承の減衰効果

| 受　験　番　号 | 0902B00XX | | 氏　名 | 技術　三郎 |

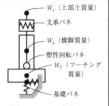
図1　モデル図
- W_u（上部工質量）
- 支承バネ
- W_p（橋脚質量）
- 塑性回転バネ
- W_F（フーチング質量）
- 基礎バネ

　非線形動的解析におけるモデルは、高架橋で同規模の下部工が連続していることから、橋脚単独系モデルとした。（図1）

　支承の減衰定数を4%と15%の2ケースについて応答値に与える影響を検証した結果、支承の減衰定数を免震支承の平均的な値である15%とした場合は、最大応答加速度が30～40%減少し、橋脚躯体の応答塑性率、支承のせん断ひずみは、許容値内に収まることを確認した。

3-2）免震支承の選定

　積層ゴム支承型免震支承には、大別して高減衰積層ゴム支承(HDR)と鉛プラグ入り積層ゴム支承(LRB)がある。解析モデルは図1と同様にしたが、免震支承は非線形履歴特性を有するモデルとし、ひずみ依存性を考慮して、支承の有効設計変位に対するバイリニアモデルとした。計算の結果HDRについては、タイプⅡの場合で、支承のせん断ひずみが2.5に対して2.6と許容値を僅かに満足しなかった。これは、表1に示すように履歴特性からくる減衰定数の差による。免震支承の場合、有効設計変位に対する等価減衰定数(h_B)は次式に示すように、有効設計変位(u_{Be})に対する一次剛性(K_1)、二次剛性(K_2)及び降伏荷重(Q_d)により決定される。（図2）

$$h_B = \Delta W / (2\pi W) = 2Qd(u_{Be} + Q_d / (K_2 - K_1)) / (\pi u_{Be}(Q_d + u_{Be}K_2))$$

表1　免震支承の構造別等価減衰定数

	HDR	LRB
一次剛性 K_1 [t/m]	2400	5100
二次剛性 K_2 [t/m]	750	730
降伏荷重 Q_d [t]	46	45
有効設計変位 u_{Be} [m]	0.21	0.15
等価減衰定数 h_B	0.125	0.165

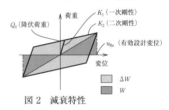
図2　減衰特性
- K_1（一次剛性）
- K_2（二次剛性）
- Q_d（降伏荷重）
- 荷重
- u_{Be}（有効設計変位）
- 変位
- ΔW
- W

　等価減衰定数は、二次剛性に大差がないため一次剛性の違いがその性能に大きく影響する。これらの結果から、同様の形状であれば、一次剛性の高いLRBのほうが減衰性能に優れることが確認できたため、私は、LRBを適用することで技術的問題の解決を図った。

4．技術的成果

　私は、一般的に行われていたゴム支承の形状、厚さの増加や下部工の補強などではなく、免震支承の減衰機能を積極的に評価することにより、橋脚躯体の補強や支承形状を変えずに耐震安全性を満足させた。さらに、HDRとLRBの履歴特性の違いによる減衰性能の差を明らかにして、LRBの優位性を確認し採用した。その結果、支承のコスト面だけでみてもコストを60%程度に抑えることができ、工事の手戻りもなく対処することができた。

5．現時点での技術的評価及び今後の展望

　現時点においては道路橋示方書では、分散支承の場合にも非線形動的解析での照査が義務付けられるようになっている。それにより、免震支承の優位性がより明確になり、その採用は増加してきた。このことから当時、私が免震支承を採用したことは妥当な選択であったと考えられる。近年、設計の性能規定化が進められている中で、免震支承は、単独や機能分離構造との併用等、要求性能を満足できるコストミニマムな構造形式として有力な構造であり、これからも積極的な採用を進めていくべきであると考える。　　　　　　以上

（a）『業務内容の詳細』例1

業務内容の詳細

当該業務での立場、役割、成果等
上部工架設前の地震時水平力分散支承（以下「分散支承」という）を用いた既設ＲＣ橋脚の設計において、私は、管理技術者として業務全体の計画、設計ならびに指導を行った。上部工架設前に保耐法で設計された橋を非線形動的解析（レベル2）による耐震安全性の照査を行ったところ、橋脚躯体の応答塑性率と支承のせん断ひずみが許容値を満たさないことが判明した。一般的な対策としては、橋脚躯体の補強、支承形状の変更等が考えられたが、①支承の形状変更は台座コンクリートの形状を大きくする必要があるため、新たに梁天端の削孔、補強鉄筋の追加が必要である。②躯体の補強は中央分離帯の建築限界よりＲＣ巻立てが難しいため、鋼板巻立て等不経済な工法となる。という2つの問題があった。さらに、鋼上部工は製作済みであったため、橋脚躯体や支承形状を変更せずに、いかに耐震性を確保するかが技術的問題となった。 　私は、非線形動的解析に基づいて、分散支承を免震支承に変更することで橋梁の減衰性能を高め、応答加速度を減らすことで耐震安全性を確保した。また、高減衰積層ゴム支承（ＨＤＲ）と鉛プラグ入り積層ゴム支承（ＬＲＢ）の履歴特性の違いによる減衰性能の差を明らかにして、ＬＲＢの優位性を確認し提案した。その結果、当時は一般的に行われていたゴム支承の形状、あるいは厚さの増加や下部工の補強などではなく、免震支承の減衰機能を積極的に評価することにより、橋脚躯体の補強や支承形状を変えずに耐震安全性を満足させることを可能にした。さらに、ＬＲＢの採用によって支承のコスト面だけでもコストを60％程度に抑えることができ、工事の手戻りもなく対処するという技術的な成果を上げた。　　　　　以上

　この記述では、ほぼ試験委員が知りたいことは述べられているので、この内容が受験者自身の経験によるものであるかどうかを中心に質問するパターンになると考えられる。そういった状況から、下記のような試問が想定される。

　・現在は、分散支承の場合にも非線形動的解析での照査が義務づけられるようになっていますが、この業務を行った頃の発注者側の対応はどうでしたか。

　・非線形動的解析では、どのようなモデルとしたのですか。

　・60％のコスト削減ができたとしていますが、具体的にはどの程度の金額だったのですか。

(b)『業務内容の詳細』例2

業務内容の詳細

当該業務での立場、役割、成果等
1．業務での立場と役割 　私は管理技術者として業務全体の計画、設計ならびに指導を行うとともに、業務を遂行する上で生じた技術的問題を解決することによって、技術的責任者としての役割を果した。 2．業務の成果 　上部工架設前の地震時水平力分散支承（以下「分散支承」という）を用いた既設ＲＣ橋脚の設計において、非線形動的解析（レベル2）による耐震安全性の照査を行った。その結果、橋脚躯体の応答塑性率と支承のせん断ひずみが許容値を満たさないことが判明した。しかし、鋼上部工は製作済みであったため、橋脚躯体や支承形状を変更せずに、いかに耐震性を確保するかが技術的問題となった。 　私は、非線形動的解析に基づいて、分散支承を免震支承に変更することで橋梁の減衰性能を高め、応答加速度を減らすことで耐震安全性を確保した。また、高減衰積層ゴム支承（ＨＤＲ）と鉛プラグ入り積層ゴム支承（ＬＲＢ）の履歴特性の違いによる減衰性能の差を明らかにして、ＬＲＢの優位性を確認し提案した。その結果、当時は一般的に行われていたゴム支承の形状、あるいは厚さの増加や下部工の補強などではなく、免震支承の減衰機能を積極的に評価することにより、橋脚躯体の補強や支承形状を変えずに耐震安全性を満足させることを可能にした。さらに、ＬＲＢの採用によって支承のコスト面だけでもコストを６０％程度に抑えることができ、工事の手戻りもなく対処するという技術的な成果を上げた。　　　　　　　　　　以上

　この記述では、技術的問題点に係る背景の記述が不十分で解決策の妥当性が適切かどうかがわかりにくいという点から、試験委員は技術的問題点とその解決策に至る考え方についての質問をしてくると考えられる。そういった状況から、下記のような試問が想定される。

・橋脚躯体の補強や支承形状の変更等の検討は、どうしてしなかったのですか。

・橋脚躯体や支承形状が変更できないという条件が、どうして生じたのかを説明してください。

・分散支承を免震支承に変更するという考えに至った経緯について述べてください。

(c) 『業務内容の詳細』例3

業務内容の詳細

当該業務での立場、役割、成果等
1．業務での立場と役割 　（立場）管理技術者 　（役割）私は、業務全体の計画、設計ならびに指導を行うとともに、業務を遂行する上で生じた技術的問題を解決する役割を果した。 2．業務の成果 　私は、分散支承を積層ゴム支承（LRB）を用いた免震支承に変更することによって、橋脚躯体の補強や支承形状を変えずに耐震安全性を満足させるという業務の成果を上げた。さらに、LRBの採用によって支承のコスト面だけでもコストを60％程度に抑えることができ、工事の手戻りもなく対処することを可能にした。 　　　　　　　　　　　　　　　　　　　　　　　　　　　　　　　　　　　　　以上

　この記述では、業務の成果だけが突然示されているので、技術的問題点が何なのか、そしてどのような専門的応用能力を発揮したのかという根本的なことを確認してくると考えられる。そういった状況から、下記のような試問が想定される。

・この業務の技術的な問題点はどういうことですか？

・あなたが専門的な応用性を発揮したと考える点は、どういうことなのか説明してください。

・技術者と技術士の違いはどういうことだと思っていますか。

(4) 技術的体験論文例-4（建設部門：建設環境科目）

年度　技術士第二次試験〈技術的体験論文〉

受 験 番 号	0911B00XX		氏 名	技術 四郎

技 術 部 門	建設部門
選 択 科 目	建設環境
専門とする事項	建設事業における生活環境の保全

経験業務1：品質改良によるリサイクル堆肥ののり面吹付の実用化

【業務概要】リサイクル堆肥ののり面吹付は、のり面の造成後直ちに着手可能であり、使用量も1m²あたり約50Lと多く、高い需要が見込まれた。しかしながら、ピートモスの混合比が低いとリサイクル堆肥が吹付ホース内に固着し、ホースが閉塞して施工が困難になるという技術的問題が生じた。

　私は、リサイクル堆肥の使用直前に水分調整を行うこと、ならびに堆肥を製造する際の破砕方法を改良して堆肥の粒度を調整することによって、技術的問題の解決を図った。

経験業務2：窒素源の添加と未醱酵残材の破砕による針葉樹伐採木の堆肥化

【業務概要】○○県では、広幅員で山間地を多く通過する○○道路の建設で生じる伐採樹木を堆肥化し、道路緑化に再利用する緑のリサイクルを検討しており、平成○年度末迄に、堆肥製造の概略工程及び全体事業規模を試算していた。しかし、本建設では一般に堆肥化が難しいといわれる針葉樹が大量に生じ、その堆肥化技術の詳細技術は実証されていなかった。そのため、針葉樹を含む伐採木の堆肥化とともに、堆肥出来高をいかに上げるかが技術的問題となった。

　私は、伐採木のリサイクルの実現と堆肥化の効率化の技術的問題に対して、窒素源の添加と未発酵残材の破砕により解決を図った。

　経験業務2について以下に詳述する。

1．私の立場と役割

　私は、○○県の○○係長の立場で、堆肥製造に係る試験施工の指導・評価・事業計画の策定を行うとともに、業務遂行上に生じた技術的問題を解決することで、伐採木の堆肥化及びリサイクルに貢献し、技術的責任者としての役割を果たした。

2．業務を進める上での課題及び問題点

　樹木は、炭素量が多くC/N（炭素と窒素の含有比）も200以上と高いため分解しにくく、特に針葉樹では分解を妨げるフェノール類を含むため難分解と言われる。

　私がこの堆肥化の試験に携わった当初の工程は、伐採木をチップ化し屋外ヤードに畝状に堆積し月1回切り返すというものであった。しかし、通常60℃以上に達する発酵温度は、40～55℃前後と上昇せず発酵は滞っていた。当時、針葉樹の堆肥化技術はまだ確立されていない状況にあり、針葉樹を含む伐採木をどのように堆肥化すれば良いか、ということが業務を進める上での課題となった。ところが、堆肥化可能な手法を検討していく過程で、堆肥出来高が思うように上がらないという状況が生じ、いかにその堆肥の出来高を上げるか、ということが技術的問題点になった。

3．私が行った技術的提案

　堆積物の成分分析を行った結果、そのC/Nは依然170前後と高かったため、私は分解微生物の繁殖に必要な窒素が不足していると判断し、窒素源の添加を提案した。添加材は、環境配慮やリサイクルの理念より自然の有機物である乾燥鶏糞を用い、また添加量は過去

受　験　番　号	0911B00XX		氏　名	技術　四郎

の堆肥化実績から、C/N＝90となるよう調整し実施した。これにより発酵は進み、バーク堆肥の品質基準であるC/N＝35以下のリサイクル堆肥を得ることができた。

図1　伐採木の一般的堆肥化フロー（単位：m³）

ところが図1に示すように、その堆肥出来高は篩い通過率で0.13／0.32＝41％であり、未だ低いものであった。そこで、篩い後の残材を観察した結果、未発酵残材は長期堆積によってフェノール類が流亡し、風化し分解しやすくなっているものの、粒形は丸く微生物が繁殖するための材料表面積が不足していることがわかった。そこで私は、未発酵残材を細破砕・再堆積させれば更に堆肥が得られると判断し実施した。その結果、残材からも堆肥を得ることができ、堆肥出来高は合計66％まで高めることを可能にした（図2参照）。

図2　伐採木の改良後の堆肥化フロー（単位：m³）

４．技術的成果

　私が行った技術的提案により、これまで確立されていなかった針葉樹を含む伐採木の堆肥化が可能になった。私がこの業務に関わっていた当時、この手法で伐採木を堆肥化した拠点ヤード数は10箇所となり、伐採木は堆肥として有効に再利用されるようになった。このような点から、私の行った堆肥製造手法の確立及び改良は、一定の技術的成果を得たものと考えている。

５．現時点での技術的評価及び今後の展望

　道路建設に伴い、伐採木の発生量は予定より上回ることも予測され、今後はより効率的なリサイクルを目指して、以下の技術的課題に取り組んでいく必要があると考えている。

　①発酵のための窒素源に乾燥鶏糞を用いているが、今後は新たな添加材や優れた発酵菌などの活用も検討し、堆肥化期間を短縮して処理量を増大させる検討が必要である

　②現状において、堆積物は畝状にして専用機械で切り返しているが、最近海外では堆積物を大きな台形状のまま切り返せる大型機械も開発されており、ヤードの効率的利用という観点から、これら新型機械の導入や切り返し手法の効率化検討を行い、単位ヤードあたりの処理量を増大させる検討が必要である

　また道路供用後は、その管理から剪定枝や刈草などの緑資源が生じる。ここでは道路建設時の伐採木を対象としたが、今後は、管理での緑のリサイクルに関する技術の適応や本堆肥化ヤードの継続的有効活用についても検討していく必要があると考えている。　　以上

(a)『業務内容の詳細』例１

業務内容の詳細

当該業務での立場、役割、成果等
私は県職員の係長の立場で、一般に堆肥化が難しいといわれる針葉樹が大量に生じる建設工事において、堆肥製造に係る試験施工の指導・評価・事業計画の策定を行うとともに、業務を遂行する上で生じた技術的問題を解決するという役割を果した。県では、広幅員で山間地を多く通過する道路建設において生じる伐採樹木を堆肥化し、道路緑化に再利用する緑のリサイクルを検討しており、堆肥製造の概略工程及び全体事業規模を試算していた。しかし、本建設では一般に堆肥化が難しいといわれる針葉樹が大量に生じ、その堆肥化技術の詳細技術は実証されていなかった。そのため、針葉樹を含む伐採木の堆肥化とともに、堆肥出来高をいかに上げるかが技術的問題となった。当初の工程は、伐採木をチップ化し屋外ヤードに畝状に堆積し月１回切り返すというものであり、通常６０℃以上に達する発酵温度は４０～５５℃前後と上昇せず発酵は滞っていた。そこで私は、堆積物の成分分析を行いＣ／Ｎ（炭素と窒素の含有比）が１７０前後と高いことを確認し、分解微生物の繁殖に必要な窒素が不足していると判断し、窒素源の添加を提案した。添加材は、環境配慮やリサイクルの理念より自然の有機物である乾燥鶏糞を用い、また添加量は過去の堆肥化実績から、Ｃ／Ｎ＝９０となるよう調整し実施した。ところが、堆肥出来高は篩い通過率で４１％であり、未だ低いものであった。そのため私は、未発酵残材の粒形が丸く微生物が繁殖するための材料表面積が不足していることに着目し、これを細破砕・再堆積させるようにした。その結果、堆肥出来高を６６％まで高めることを可能にし、針葉樹を含む伐採木の堆肥製造手法を確立するという技術的成果を上げた。　　　　　　以上

　この記述では、ほぼ試験委員が知りたいことは述べられているので、試問事項となっているコンピテンシーについて一般的な試問をしてくる可能性があると考えられる。そういったパターンとしては、下記のような試問が想定される。

　・これまで業務を行っている中で、人とのコミュニケーションはどのようにとってきましたか？

　・業務上で発揮したリーダーシップの内容を説明してください。

　・選択科目（Ⅲ）の解答で○○対策について示していますが、あなたはどんな対策が必要であると考えていますか？

（b）『業務内容の詳細』例2

業務内容の詳細

当該業務での立場、役割、成果等
1．業務での立場と役割 　私は、県の係長の立場で、堆肥製造に係る試験施工の指導・評価・事業計画の策定を行うとともに、業務を遂行する上で生じた技術的問題を解決することで、伐採木の堆肥化及びリサイクルに貢献し、技術的責任者としての役割を果した。 2．業務の成果 　広幅員で山間地を多く通過する道路の建設で生じる伐採樹木を堆肥化し、道路緑化に再利用する緑のリサイクルを検討しており、平成○年度末迄に、堆肥製造の概略工程及び全体事業規模を試算していた。当初の工程は、伐採木をチップ化し屋外ヤードに畝状に堆積し月1回切り返すというものであり、通常60℃以上に達する発酵温度は40〜55℃前後と上昇せず発酵は滞っていた。そこで私は、堆積物の成分分析を行いC／N（炭素と窒素の含有比）が170前後と高いことを確認し、分解微生物の繁殖に必要な窒素が不足していると判断し、窒素源の添加を提案した。ところが、堆肥出来高は篩い通過率で41％であり、未だ低いものであった。そのため私は、未発酵残材の粒形が丸く微生物が繁殖するための材料表面積が不足していることに着目し、これを細破砕・再堆積させるようにした。その結果、堆肥出来高を66％まで高めることを可能にし、針葉樹を含む伐採木の堆肥製造手法を確立するという技術的成果を上げた。 <div align="right">以上</div>

　この記述では、技術的問題点が述べられていないため、解決策が適切かどうかがわかりにくいという点から、試験委員は技術的問題点とその解決策に至る考え方についての質問をしてくると考えられる。そういった状況から、下記のような試問が想定される。

・解決しようとした技術的な問題はどういうことですか。具体的に説明して
　ください。

・その問題は、あなたが専門とする事項に関する技術的な問題といえますか。

・堆積物の成分分析をしてみようという考えに至った経緯について述べて
　ください。

（c）『業務内容の詳細』例3

業務内容の詳細

当該業務での立場、役割、成果等
1．業務での立場と役割 （立場） 　県の係長の立場で業務を行った。 （役割） 　私は、堆肥製造に係る試験施工の指導・評価・事業計画の策定を行うとともに、業務を遂行する上で生じた技術的問題を解決することで、伐採木の堆肥化及びリサイクルに貢献し、技術的責任者としての役割を果した。 2．業務の成果 　広幅員で山間地を多く通過する道路の建設で生じる伐採樹木を堆肥化し、道路緑化に再利用する緑のリサイクルを検討しており、平成○年度末迄に、堆肥製造の概略工程及び全体事業規模を試算していた。しかし、本建設では一般に堆肥化が難しいといわれる針葉樹が大量に生じ、その堆肥化技術の詳細技術は実証されていなかった。そのため、針葉樹を含む伐採木の堆肥化とともに、堆肥出来高をいかに上げるかが技術的問題となった。私は、伐採木のリサイクルの実現と堆肥化の効率化の技術的問題に対して、窒素源の添加と未発酵残材の破砕により解決を図った。その結果、堆肥出来高を６６％まで高めることを可能にし、針葉樹を含む伐採木の堆肥製造手法を確立するという技術的成果を上げた。 　　　　　　　　　　　　　　　　　　　　　　　　　　　　　　　　　　　　　以上

　　この記述では、技術的な問題は記述されているが問題解決策が具体的に述べられていないため、そういった点を確認するために試問が行われると考えられる。そういった状況から、下記のような試問が想定される。

　　・窒素源の添加と未発酵残材の破砕により解決を図ったとしていますが、どうしてこれらのことで針葉樹を含む伐採木の堆肥化と堆肥出来高の向上という問題を解決できると考えたのですか？

　　・あなたが工夫したと考える点は、どういうことなのか説明してください。

　　・窒素源の添加方法について、具体的に述べてください。

（5）技術的体験論文例−5（機械部門：流体機器科目）

年度　技術士第二次試験〈技術的体験論文〉

受　験　番　号	0105B00XX		氏　名	技術　五郎

技　術　部　門	機械部門
選　択　科　目	流体機器
専門とする事項	化学機械

業務1：重質油の脱硫用反応器計画上の課題解決

　重油や残査油には硫黄分が多く含まれているため、燃料として使用すると、亜硫酸ガスなどが発生して環境に悪影響を与える。それを防ぐには、重油から硫黄分を除去する装置が必要となるが、装置の心臓部である反応器は高温・高圧の水素環境で使用されるため、過酷な運転条件となる。設計圧力は約200気圧で、温度は450℃程度となるので、使用される材料もCr-Mo鋼で極厚となり、板材からの製造ができないため、1つ100トンもあるリング鍛造で製造されている。私は、これら反応器の計画上の課題解決業務に従事した。

業務2：残査油処理の流動接触分解装置用反応器の劣化対策

　最近は重質油の需要が低下傾向にあるため、常圧残査油を原料として付加価値の高いガソリンや灯軽油などの石油製品を製造する流動接触分解装置（以下、FCC装置と略す）の建設が進められている。この装置は、ガソリンや灯軽油の需要に応じてガソリン最大収率と灯軽油最大収率の両運転モードに調整が可能な点が特徴である。そのため、原油高である近年においては各製油所の主力装置となっている。私は、この装置に使用される反応器を含む化学機械の計画および反応器の劣化対策業務に従事した。

　上述の業務から、「業務2」について設問に解答する。

1．私の立場と役割

　私は、主任技術者としてFCC装置の反応器の計画および設計業務を実施すると同時に、詳細設計、製作および検査担当スタッフへの指導も行った。加えて、現地工事に必要な基本計画を作成して、現場工事担当者への指導を行った。現地工事完了後には、現場において設計の妥当性と技術的な検証を実施した。

2．業務を進める上での課題及び問題点

　FCC装置の心臓部となる反応器の運転圧力は1〜3気圧と低いが、反応系で510〜540℃、再生系で650〜750℃の高温で運転される。また、硬質なシリカアルミナ系の固体粒子からなる触媒を系内に流動化して循環使用しているため、反応器本体は高い温度や循環する触媒による磨耗によって劣化や損傷が起きるのは避けられない。

　高温対策としては、耐熱合金鋼を使用するか耐火断熱ライニングを施工することによってほぼ解決されている。しかし、磨耗対策方法としての完全な技術はそれまでにはなく、実際に採用されていた磨耗対策は次のようなものであった。

① 耐磨耗ライニングの施工

② ステライトなどによる硬化肉盛り施工

③ 使用部材の板厚アップや、板によるパッチ当て

　経験的には、①の方法が最良のものであり、硬度から判断しても、①はHB900程度、②はHB350程度、③がHB200程度であることから妥当である。耐磨耗ライニングを施工するためには、ライニング材を保持するアンカー部材が必要となる。また、担当した反応塔の内部には他社のプロセスではない小径配管が多数設けられていたが、1-1/2インチ以下

受　験　番　号	0105B00XX		氏　名	技術　五郎

の小径管への耐磨耗ライニングの施工には、従来のアンカーは適用できなかった。それは、小径管への適用には次のような技術的問題点があったためである。

(a)　α角ヘックスメッシュは、曲率の大きな面に適用するもので、小径管に合わせた加工は不可能である。

(b)　Vアンカーは図-1のように配置されるが、数量が多く溶接取付けに手間がかかり経済的でない。また、小径になる程溶接が難しくなり、品質の良い製品ができない。

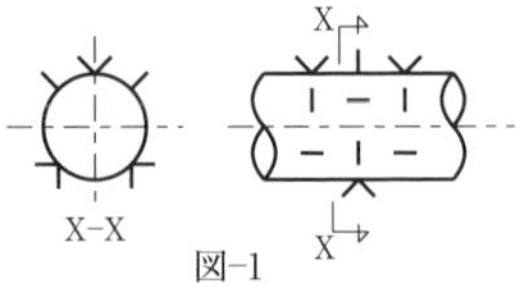

(c)　Sバーは、図-2に示すように小径になる程外周部のα角が大きくなり、外側に脱落する可能性があるので、長時間の使用においては問題が生じる可能性がある。

図-1

このため、従来のアンカーによるライニング施工に代わる方法の考案が必要であった。

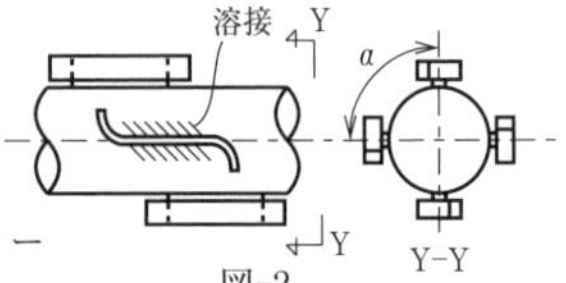

3．私が行った技術的提案

上記の問題を解決するため、図-3に示すようなアンカーを考案し、これを図-4に示すように千鳥配置で取り付けた。アンカー内径のR寸法は施工配管の外形に合わせ、またL寸法はライニング層の厚さ(通常19又は25mm)に合わせた。

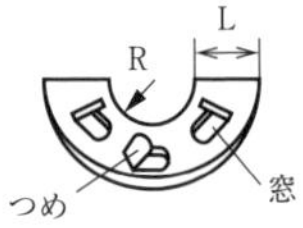

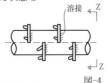

図-2

図-3

また、3ヶ所の窓は隣接したライニング材同士の結合を強化し、つめは脱落防止を目的として設けた。アンカーを千鳥に配置した理由は、ライニング材が一連の連続した状態となり結合力が増して脱落しにくくなることと、アンカーの溶接が一方向から順次可能であり、かつ簡単にできるので、品質の良い製品が製作できるためである。

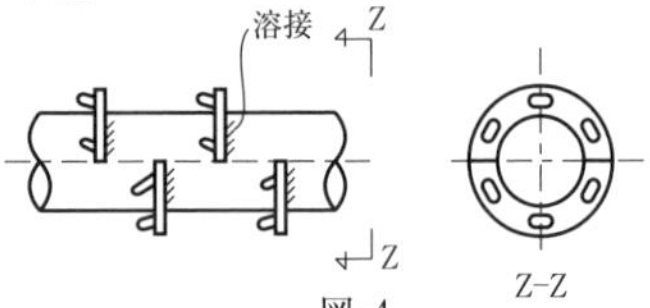

図-4

4．技術的成果

今回採用した方法により、以下の技術的成果が得られた。

①　従来できなかった小径管への耐磨耗ライニングによる施工が可能になった

②　従来の板当てでは数年で交換していたが、交換の必要がなくなり経済的になった

③　装置の連続運転に耐えられるようになった

なお実績として、本装置の運転後の2年目と4年目の定期点検時に実物を確認したが、磨耗は発生していなかった。また、この考案は特許出願して「アンカー部材及びアンカー部材付きパイプ」の名称で特許を取得した。(特許第3274744号)

5．現時点での技術的評価及び今後の展望

FCC反応器における触媒の磨耗による損傷を最小限にすることは、この装置の永遠のテーマである。今回の小径管に適用できる耐磨耗ライニングの開発は、一定の成果が得られたと評価できるので、今後の小径管には積極的に適用されていくと考える。

ただし、このアンカー部材は各種の配管径に合わせて個々に製造したため、コストが当初想定したものより高いものとなってしまった。今後は、経済性をより追求した形状の開発および製造方法の改善を行う必要があると考えている。　　　　　　　　　　　　　以上

（a）『業務内容の詳細』例1

業務内容の詳細

当該業務での立場、役割、成果等
私は、常圧残査油を原料として付加価値の高いガソリンや灯軽油などの石油製品を製造する流動接触分解装置（以下、ＦＣＣ装置と略す）の主任技術者として、この装置に使用される反応器を含む化学機械の計画と反応器の劣化対策業務を実施した。ＦＣＣ装置の心臓部となる反応器の運転圧力は１～３気圧と低いが、反応系で５１０～５４０℃、再生系で６５０～７５０℃の高温で運転される。また、硬質なシリカアルミナ系の固体粒子からなる触媒を系内に流動化して循環使用しているため、反応器本体は高い温度や循環する触媒による磨耗によって劣化や損傷が起きるのは避けられない。高温対策としては、耐熱合金鋼を使用するか耐火断熱ライニング施工によってほぼ解決されている。しかし、磨耗対策方法としての完全な技術はそれまでにはなく、実際に採用されていた磨耗対策は主に耐磨耗ライニングの施工であった。しかし、担当した反応塔の内部には他社のプロセスではない小径配管が多数設けられていたので、１－１／２インチ以下の小径管への耐磨耗ライニングの施工には、従来のアンカーは適用できなかった。それは、小径管への適用にはアンカーの配置や加工の点で多くの技術的問題点があったためである。これらの問題を解決するため、新しいアンカーを考案し、その配置を千鳥配置とすることにより、アンカー内径のＲ寸法は施工配管の外形に合わせ、またＬ寸法はライニング層の厚さ（通常１９又は２５mm）に合わせた。それによって、①従来できなかった小径管への耐磨耗ライニングによる施工が可能になり、②従来の板当てでは数年で交換していたが交換の必要がなくなり経済的になり、③装置の連続運転に耐えられるようになった。　　　　　　　　以上

　この記述では、ほぼ試験委員が知りたいことは述べられているので、試問事項となっているコンピテンシーについて一般的な試問をしてくる可能性があると考えられる。そういったパターンとしては、下記のような試問が想定される。

・海外業務が多いようですが、現地において社会的文化的な面でコミュニケーションに配慮している点を説明してください。

・多国籍の人たちと仕事をする中でリーダーシップの取り方について工夫している点はありますか？

・過去の失敗を挙げ、それをどう生かしているか話してください。

(b)『業務内容の詳細』例2

業務内容の詳細

<table>
<tr><th colspan="1">当該業務での立場、役割、成果等</th></tr>
<tr><td>

1．私の立場と役割

　私は、常圧残査油を原料として付加価値の高いガソリンや灯軽油などの石油製品を製造する流動接触分解装置（以下、ＦＣＣ装置と略す）の主任技術者として、この装置に使用される反応器を含む化学機械の計画と反応器の劣化対策業務を実施した。

2．技術的問題点

　ＦＣＣ装置の心臓部の反応器本体は高い温度や循環する触媒による磨耗で劣化や損傷が起きる。高温対策としては、耐熱合金鋼を使用するか耐火断熱ライニング施工によってほぼ解決されている。しかし、磨耗対策方法としての完全な技術はそれまでにはなく、実際に採用されていた磨耗対策は主に耐磨耗ライニングの施工であった。しかし、担当した反応塔内部には他社のプロセスにない小径配管が多数設けられていたので、1－1／2インチ以下の小径管への耐磨耗ライニングの施工に従来のアンカーは適用できなかった。

3．成果

　アンカーの配置や加工の点で多くの技術的問題点があったが、これらの問題を解決するため、新しいアンカーを考案し、その配置を千鳥配置とすることによって、①従来できなかった小径管への耐磨耗ライニングによる施工が可能になり、②従来の板当てでは数年で交換していたが交換の必要がなくなり経済的になり、③装置の連続運転に耐えられるようになった。
以上
</td></tr>
</table>

　この記述では、成果を得るために行った工夫についてあまり詳しく示されていないので、受験者独自の発想かどうかを確認するための質問をしてくると考えられる。そういった状況から、下記のような試問が想定される。

　　・今回の発想を得たのはどういったきっかけからでしたか？

　　・この技術はどういった条件で使えるものですか？

　　・あなたが高等な専門的能力を発揮した部分をもう少しアピールしてみてください。

（c）『業務内容の詳細』例3

業務内容の詳細

当該業務での立場、役割、成果等

1. 私の立場と役割

　私は、常圧残査油を原料として付加価値の高いガソリンや灯軽油などの石油製品を製造する流動接触分解装置（以下、ＦＣＣ装置と略す）の主任技術者として、この装置に使用される反応器を含む化学機械の計画と反応器の劣化対策業務を実施した。

2. 成果

　担当したＦＣＣ装置の心臓部の反応器には、アンカーの配置や加工の点で多くの技術的問題点があったが、これらの問題を解決するため、新しいアンカーを考案し、その配置を千鳥配置とすることによって、①従来できなかった小径管への耐磨耗ライニングによる施工が可能になり、②従来の板当てでは数年で交換していたが交換の必要がなくなり経済的になり、③装置の連続運転に耐えられるようになった。　　　　　　以上

　　この記述では、業務の成果だけが突然示されているので、技術的問題点に対して補足することを求めてくると考えられる。また、発想したきっかけについても補足を求めてくると考える。そういった状況から、下記のような試問が想定される。

　・この業務の技術的な課題はなんだと認識していますか？
　・この業務が技術士としてふさわしいという理由を説明してください。
　・あなたが工夫した点はどこか具体的に説明してください。

(6) 技術的体験論文例-6 (電気電子部門：電気設備科目)

年度　技術士第二次試験〈技術的体験論文〉

受　験　番　号	0405B00XX		氏　名	技術　六郎

技　術　部　門	電気電子部門
選　択　科　目	電気設備
専門とする事項	建築電気設備

経験業務 1：テナントビル電源設備の信頼性向上
　最近では、テナントビルにおいても電源設備の信頼性がより一層求められるようになっている。それは電源の安定供給という面だけではなく、電源品質の面も含めて求められている。また、テナント企業においても、一般企業に比べてより多くの電力を必要とするところもあり、電源容量のフレキシブルな対応も合わせて求められるようになってきている。私は、テナントビル電気設備計画の主任技術者として電源設備の信頼性向上を実施した。

経験業務 2：データセンターの電気設備の高機能化
　最近では、各社のサーバー等を一括して管理するデータセンターの計画が増えてきている。データセンターには複数の通信事業者の回線引込みが必要なだけではなく、電源の安定供給のために電源の多重化を行う必要がある。さらに、空調設備にも大きな容量が求められるため、省エネルギーの観点からコジェネレーションなどの設備を計画する場合もある。私は、本業務において主任技術者として電気設備の高機能化を実現した。

　上記の中から業務1の「テナントビルの電源設備の信頼性向上」について詳述する。

1．私の立場と役割
　私は、テナントとして情報関連ビジネスを行っている企業を想定しているため、電源設備に高い仕様が求められていた、延床面積5万m^2で、5階建ての低層棟と18階建て高層棟から構成されている複合ビルの電気設備の主任技術者として全体設備計画を策定した。

2．業務を進める上での課題及び問題点
　低層棟には既定の1社が入居することが決まっているが、高層棟はテナントビルとして運用される計画になっているため、配電設備設計には難しい条件となっていた。この複合ビルの受電電圧は20kVと決まっており、高層棟電気室に配電するために6kVに降圧することまでは最初に決められていた。この条件で高層棟各階に大容量で信頼性の高い電力を配電するには、地下電気室で低圧へ降圧する方法は将来対応も含めて考えると得策ではない。基準階で大きな電力需要がある場合には400V配電という方式があるが、それを採用するとさらに、需要場所で400Vから200/100Vへの降圧するための変圧器が必要となり、変圧器の総容量が非常に大きくなる。変圧器の設備費用は総容量に比例するため、それは直接コストに跳ね返る。また、信頼性を確保するという要求に対しても、配電方式には新しい工夫が必要であった。

3．私が行った技術的提案
　以上の条件を考慮して、高層棟に配電する6kVの高圧のまま各階に配電する高圧配電方式を検討することにした。高圧配電方式で電源の信頼性と品質を高め、さらに将来の電源需要に対してフレキシブルな対応がとれるようにする条件に対して、図1に示すような高圧ループ配電方式を計画した。幹線ルートはコア部の2箇所として、A幹線とB

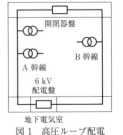

図1　高圧ループ配電

受 験 番 号	0405B00XX		氏　名	技術　六郎

幹線は屋上階で開閉器盤を使って連結できる
ようにした。これによって、どちらかの幹線に
トラブルが発生した際には、もう一方の幹線で
バックアップできるように計画している。

　また、電源の品質を確保するために、3フロア
を1つのユニットとして考えて、図2に示す通り、
次の3つの変圧器を分離する方法を考えた。

①　空調動力負荷電源用

②　照明コンセント電源用

③　情報設備電源用

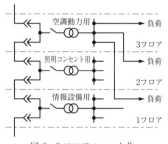

図2　3フロアユニット化

４．技術的成果

　この配電方式が、400V 配電方式よりも経済的なのは前述の通りであるが、地下変電方式と比べても 100 万円程度高い費用で実施できる。ただし、A幹線での途中階でトラブルが発生した場合にも、屋上の開閉器を動作させることによって、B回線からの配電が可能となるので、故障率は 0.0044 日／年となり地下一括降圧方式の 0.0067 日／年よりも改善する。また、故障平均期間も 26 日／回と地下一括の 310 日／回よりも低減できる。

　また、この方式を用いると、情報設備電源が動力設備と分離できるために、動力設備から発生する雑音が情報システムに影響を与える可能性も抑えられる。さらに、変圧器の体積を考慮すると、各階電気室に設置する変圧器盤には上下2段に変圧器が配置できるようになるために、情報設備電源などをより多く必要とするテナントに対しては、フレキシブルに電源容量を増加させることができる。

５．現時点での技術的評価及び今後の展望

　この高圧ループ配電方式では、この時点で最大 300kVA の容量の変圧器が各階の一箇所の電気室に設置できる。そのため、1フロアで 600kVA までの対応が可能である。また、1つの変圧器盤で 150kVA の変圧器を2台まで設置可能であるので、テナントの要求によっては、3つの負荷別にさまざまな電源容量の構成が作れる。さらに、各階間の距離が事前に決定されるために、高圧幹線のプレハブ化も可能となってくる。プレハブケーブルの使用によって工事品質が安定すると同時に、長い工期が取れなくなっている高層ビル建設において、短工期化が実現できる。それらをまとめると、次のような利点があるといえる。

①　信頼性の面で故障率や故障期間を改善できる

②　フレキシブルな電源容量対応が可能である

③　情報電源の品質が高められる

④　幹線工事品質が改善できる

⑤　短工期化が図れる

　これらの利点は、いずれもこれからの電気設備計画において常に求められる内容である。ここでは、たまたま 18 階という 3 の倍数の建物で実施したが、建築物にはエレベータなどの動力負荷が多い階や1階のように照明コンセント電源容量が多い階などがあるため、基準階を含めてうまくユニット化を計画すると、どんな階数の建物であっても対応が可能であると考える。そのため、このループ配電と複数階のユニット化の考え方は、今後多くの建築物で用いられていくと考えている。　　　　　　　　　　　　　　　　　　　以上

枚数 2/2

(a)『業務内容の詳細』例1

業務内容の詳細

当該業務での立場、役割、成果等
私は、5階建ての低層棟と18階建高層棟から構成されており、電源設備に高い品質が求められる複合ビル（延床面積5万m²）の電気設備の主任技術者として全体設備計画を策定した。高層棟はテナントビルであるので、配電設備設計には難しい条件となっていた。この複合ビルの受電電圧は20kVで、高層棟電気室には6kVで配電されることが決まっていた。この条件で高層棟各階に人容量で信頼性の高い電力を配電するには、配電方式に新しい工夫が必要であった。電源の信頼性と品質を高め、将来の電源需要に対してフレキシブルな対応がとれるようにするために高圧ループ配電方式を採用し、A幹線とB幹線は屋上階で開閉器盤を使って連結できるようにした。これによって、どちらかの幹線にトラブルが発生した際には、もう一方の幹線でバックアップできるようになる。また、電源の品質を確保するために、3フロアを1つのユニットと考えて、①空調動力負荷電源用、②照明コンセント電源用、③情報設備電源用の変圧器を各階に分散配置する方法を考えた。この配電方式は地下変電方式と比べて100万円程度高い費用がかかるが、他方の幹線でバックアップできるので故障率は0．0044日／年となり、地下変電方式の0．0067日／年よりも改善する。また、故障平均期間も26日／回と地下変電方式の310日／回よりも低減できる。さらに、この配電方式を用いると、情報設備電源が動力設備と分離できるために、動力設備から発生する雑音が情報システムに影響を与える可能性も抑えられる。なお、各階変圧器盤内の変圧器の重層化も可能であるので、情報設備電源などをより多く必要とするテナントに対しては、フレキシブルに電源容量を増加できる。　　以上

　この記述では、ほぼ試験委員が知りたいことは述べられているので、この内容が受験者自身の経験によるものであるかどうかを中心に質問するパターンになると考えられる。そういった状況から、下記のような試問が想定される。

　・どういった点に苦労しましたか？

　・この発想をどこから得ましたか？

　・今後は、この手法がどう改善されていくと考えますか？

(b)『業務内容の詳細』例2

業務内容の詳細

当該業務での立場、役割、成果等
1. 業務での立場と役割 　私は、5階建ての低層棟と18階建高層棟から構成されており、電源設備に高い品質が求められる複合ビル（延床面積5万m²）の電気設備の主任技術者として全体設備計画を策定した。 2. 業務の成果 　高層棟はテナントビルであり、この複合ビルの受電電圧は20kVで、高層棟電気室には6kVで配電されることが決まっていた。この条件で高層棟各階に大容量で信頼性の高い電力を配電するには、配電方式に新しい工夫が必要であった。そのために高圧ループ配電方式を採用し、A幹線とB幹線は屋上階で開閉器盤を使って連結できるようにした。これによって、どちらかの幹線にトラブルが発生した際には、もう一方の幹線でバックアップできるようになる。また、電源の品質を確保するために、3フロアを1つのユニットと考えて、①空調動力負荷電源用、②照明コンセント電源用、③情報設備電源用の変圧器を各階に分散配置する方法を考えた。この配電方式は地下変電方式と比べて多少費用がかかるが、他方の幹線でバックアップできるので信頼性を高めることができる。また、故障平均期間も低減できる。さらに、この配電方式を用いると、情報設備電源が動力設備と分離できるために、動力設備から発生する雑音が情報システムに影響を与える可能性も抑えられる。なお、各階変圧器盤内の変圧器の重層化も可能であるので、情報設備電源などをより多く必要とするテナントに対しては、フレキシブルに電源容量を増加できる。　　　　　以上

　この記述では、成果に対する具体的な記述がないため、誰かから聞いた業務内容であるのではないかという危惧を持って試験委員は質問をしてくると考えられる。そういった状況から、下記のような試問が想定される。

　・この業務で得られた成果をもっと具体的に説明してください。

　・この技術における欠点はありませんか？

　・どういった点で、これが技術士にふさわしい業務と言えると思いますか？

(c)『業務内容の詳細』例3

業務内容の詳細

当該業務での立場、役割、成果等
1．業務での立場と役割 　私は、5階建ての低層棟と18階建高層棟から構成されており、電源設備に高い品質が求められる複合ビル（延床面積5万m²）の電気設備の主任技術者として全体設備計画を策定した。 2．業務の成果 　本業務においては電力の安定供給が求められていたので、高圧ループ配電方式を採用し、A幹線とB幹線のどちらかの幹線にトラブルが発生した際にも、もう一方の幹線でバックアップできるようにした。また、電源の品質を確保するために、3フロアを1つのユニットと考えて、①空調動力負荷電源用、②照明コンセント電源用、③情報設備電源用の変圧器を各階に分散配置する方法を考えた。この配電方式では、動力設備から発生する雑音が情報システムに影響を与える可能性も抑えられる。また、情報設備電源などをより多く必要とするテナントに対しては、フレキシブルに電源容量を増加できる。　　　　　　　　　　以上

　この記述では、業務の結果だけが報告されているため、成果に対する記述がないと判断されてしまう。そのため、相当に厳しい姿勢で試問をしてくると考えられる。そういった状況から、下記のような試問が想定される。

　・この業務が技術士としてふさわしいという理由を説明してください。

　・経済性に関して得られた効果を具体的な数字で説明してください。

　・あなたが工夫した点はどこか具体的に説明してください。

【総合技術監理部門】

（7）技術的体験論文例-7（総合技術監理部門：機械―流体機器科目）

年度　技術士第二次試験〈技術的体験論文〉

受　験　番　号	210105B00XX		氏　名	技術　七郎

技　術　部　門	総合技術監理部門
選　択　科　目	機械－流体機器
専門とする事項	化学機械

A．技術士にふさわしいと思われる業務２例の概要

（1）業務１：天然ガス液化施設のコンプレッサー設計における情報管理

　天然ガス液化施設の心臓部ともいえるのは液化装置のコンプレッサーであるが、それは非常に大規模な装置であり、そこに設備される補機の種類と数量は非常に多く、監視制御装置で管理する機器点数も膨大になってくる。また、大型コンプレッサーを製作できる企業は国際的に限定されており、納期も長くかかる。そのため、国際的な情報管理や多くの部門との調整管理能力を必要とする。私は、この冷凍設備設計の主任技術者として、全体設計と建設までの計画管理を担当した。

（2）業務２：中央アジアにおける製油所建設マネジメント

　カスピ海周辺には石油資源が埋蔵されているが、輸出ルートが整備されていなかったため、これまではあまり開発が進んでいなかった。最近では、この資源を国際的に使うための大規模な施設開発計画が進められている。なお、最近の大規模計画においては、違った国に属する企業連合で業務を実施する形態が増えており、そういった組織間の調整には高度な管理が必要となっている。私は、製油所設計の主任技術者としてプロジェクト管理業務を担当すると同時に、現場所長として現場の管理を行った。

B．中央アジアにおける製油所建設マネジメント（業務２）の詳述

１．私の立場と役割

　本業務においては、顧客が中央アジアの国営企業Ａ社であり、設計と資材調達および工事監理を私が所属していた会社が受託し、建設を西アジアのＢ社が担当した。また、詳細設計に関しては、東ヨーロッパのＣ社を協力会社として起用した。私は、設計の場面ではエンジニアリング担当の主任技術者として、建設現場では所長として管理を担当した。

２．業務を進める上での課題及び問題点

　この業務は、図１に示す組織で実施された。そのため、業務の進め方の文化や技術レベルに国内企業とは違ったものがあり、それが各方面での障壁となった。また、情報通信環境が日本国内と比べて大きく劣っていたので、それに合わせた情報管理手法を計画する必要があった。設計においては、完成した基本設計書をＣ社に送って詳細設計を開始したが、最初の図面データが送付されてきて問題は発覚した。基本的に、従来の欧米諸国の業界企業とは自由経済圏として交流があったために、設計の文化は共通していたといえる。しかし、社会主義圏内に属していた企業においては、これまでの国際的な企業が持つ共通認識とは違った認識がある点が、最初に送られてきた図面や仕様書データに現れていた。第一番目の問題は、我々が作成して送った基本設計の内容が正確には理解されていないことであった。また第

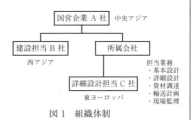

図１　組織体制

受　験　番　号	210105B00XX		氏　名	技術　七郎

二番目の問題は、図面などの技術データ表示が国際的な共通認識と違っているために、当社内でチェックした際に詳細設計の内容や意図が理解できなかった点である。

3．私が行った総合技術監理の視点からの提案

　これらを早急に改善する必要があるため、相互の企業内で設計の主任技術者となれる資質を持った人材を相互に交換し常駐させる体制を整えた。この相互駐在体制によって、当社の駐在者が国際標準となっている設計手法についての OFF-JT を実施すると同時に、日本からの依頼内容に対してその意図を具体的に説明して、齟齬がないように調整を行うためである。また、当社に駐在したC社の主任技術者に詳細設計データで当社メンバーが理解できない点を説明してもらうことによって、当社の設計担当者がその意図を理解し、的確な変更・修正指示をC社に伝えてもらうためでもあった。

4．総合技術監理の視点からみた提案の成果

　それまで数回情報交換しても改善されなかったものが、2回程度で実用レベルまで改善されるようになった。なお、この時期にはC社国内の通信環境が整備されておらず、データはすべて航空便で送られていたので、これは非常に大きな効果をもたらした。

　また、この例を参考として、分離発注されていた建設工事担当のB社とも同様の方策を取りたい旨、施主であるA社に要望書を出し、発注条件にC社の主任技術者クラスが当社に常駐し、当社からも常駐者を派遣する内容を契約に付加してもらった。これによって、施工図の作成や確認作業が当初から非常にスムーズに実施された。また、詳細の内容確認のために、毎月1回定例会を開催した。その方法として、現場工事フェーズでの相互理解を深めるために、開催場所は相互開催としてお互いが相互訪問できるように配慮した。

　設計時点では上記の方策によってスムーズに業務が進んでいったが、工事のフェーズになると、やはり業務遂行方針や手法の違いによって摩擦が生じる結果が現れた。特に安全に関しては、まだ安全性よりも経済性を優先すると考える文化が残っている部分もあり、業務の優先度の考え方に違いがある点は否めなかった。さらに、現場の国の法律や安全文化自体に国際的な標準と格差がある部分も存在していたため、簡単には対応の変更がされないという問題点も浮き彫りになった。そういった点については、無理に押し付けることはできないので、国内で広く用いられている安全教育の教材を取り寄せて顧客担当者を含めた勉強会を開くと同時に、相手の国の安全教育教材を取り寄せてもらい、同じような勉強会を開催した。これによって、三者が相互に主張している点を理解し、自らどう改善すべきかを決めてもらう形で、業務のピークを迎えるまでに相互理解を深めていった。

5．総合技術監理の視点から見て今後の改善が必要と思われること

　現在では、情報インフラも国際的に整備されているため、ネットワーク環境の面ではほとんどの問題は解決していく方向にある。しかし、長い間に培われてきた技術の基礎については、一定期間の経過がなければ改善されていかないと考える。また、安全文化の育成についても、自らが考え行動に移していくような仕組みを工夫しなければ、安全管理の難しさは改善されていかないと考えている。

　そういった点で、総合管理技術の重要性は、国際的な分業体制が広く行われるようになると、さらに増してくると考えている。今後も、多くの業務で同様の体制が組まれると考えられるが、そういう中でいかに早く、文化や習慣の違いを見つけて具体的な対応策を構築していけるかの能力が総合技術監理においては求められると考える。　　　　　　以上

（a）『業務内容の詳細』例 1

業務内容の詳細

当該業務での立場、役割、成果等
私は、中央アジアの国に建設する製油所設計の主任技術者としてプロジェクト管理業務を担当すると同時に、施工においては現場所長として現場の管理を行った。本業務においては、顧客が中央アジアの国営企業A社であり、設計と資材調達および工事監理を私が所属していた会社が受託し、建設を西アジアのB社が担当した。また、詳細設計に関しては、東ヨーロッパのC社を協力会社として起用した。そのため、業務の進め方の文化や技術レベルに国内企業と業務を行うのとは違った条件があり、それが各方面での障壁となった。また、情報通信環境が日本国内に比べて大きく劣っていたので、それに合わせた情報管理手法を計画する必要があった。第一番目の問題として、我々が作成して送った基本設計の内容が正確には理解されていない点があった。また第二番目の問題は、図面などの技術データ表示が国際的な共通認識と違っているために、当社内でチェックした際に詳細設計の内容や意図が理解できなかった点である。これらを早急に改善する必要があるため、相互の企業内で設計の主任技術者となれる資質を持った人材を相互に交換し常駐させる体制を整えた。この相互駐在体制によって、当社の駐在者が国際標準となっている設計手法についてのOFF-JTを実施すると同時に、日本からの依頼内容に対してその意図を具体的に説明して、齟齬がないように調整を行うためである。また、当社に駐在したC社の主任技術者に詳細設計データで当社メンバーが理解できない点を説明してもらうことによって、当社の設計担当者がその意図を理解し、的確な変更・修正指示をC社に伝えてもらうためでもあった。　　　　　　　　　　　　　　　　　　　　　　　　　以上

　この記述では、情報管理に関しては記述がなされているが、その他の管理については、記載がないため、そういった点を確認するために試問が行われると考えられる。そういった状況から、下記のような試問が想定される。

　・安全管理の点では、どういったところに工夫をしましたか？

　・この方式で問題を生じた点はありませんでしたか？

　・最近の世界の技術状況では、どういった手法が取れると考えますか？

(b)『業務内容の詳細』例2

業務内容の詳細

当該業務での立場、役割、成果等
1．私の立場と役割 　私は、中央アジアの国に建設する製油所設計の主任技術者としてプロジェクト管理業務を担当すると同時に、施工においては現場所長として現場の管理を行った。本業務においては、顧客が中央アジアの国営企業A社であり、設計と資材調達および工事監理を私が所属していた会社が受託し、建設を西アジアのB社が担当した。また、詳細設計に関しては、東ヨーロッパのC社を協力会社として起用した。 2．成果 　業務の進め方の文化や技術レベルに関して、外国企業との連合であったので各方面での障壁があった。また、情報通信環境が日本国内に比べて大きく劣っていたので、それに合わせた情報管理手法を計画する必要があった。実際には、当社内でチェックした際に詳細設計の内容や意図が理解できなかった点があり、これらを早急に改善する必要があるため、相互の企業内で設計の主任技術者となれる資質を持った人材を相互に交換し常駐させる体制を整えた。この相互駐在体制によって、当社の駐在者が国際標準となっている設計手法についてのOFF－JTを実施すると同時に、日本からの依頼内容に対してその意図を具体的に説明して、齟齬がないように調整を行うためである。また、当社に駐在したC社の主任技術者に詳細設計データで当社メンバーが理解できない点を説明してもらうことによって、当社の設計担当者がその意図を理解し、的確な変更・修正指示をC社に伝えてもらうためでもあった。　　　　　　　　　　　　　　　　以上

　この記述では、本人の工夫によって業務の方式を変えたという点で説明が弱いので、本当に受験者自身の発想で行われた業務であるかを確認する試問をしてくると考えられる。そういった状況から、下記のような試問が想定される。

　　・この業務手法を検討した際に、どういった代替案がありましたか？

　　・代替案と比べて、この案はどういった点で優れていると判断されたのですか？

　　・経済性の面では、どういったメリットがありますか？

（c）『業務内容の詳細』例3

業務内容の詳細

当該業務での立場、役割、成果等
私は、中央アジアの国に建設する製油所設計の主任技術者としてプロジェクト管理業務を担当すると同時に、施工においては現場所長として現場の管理を行った。この業務は、顧客が中央アジアの国営企業で、設計と資材調達および工事監理を私が所属していた会社が受託し、建設と詳細設計は別々の国の企業が担当した。そのため、業務の進め方の文化や技術レベルに関して多くに障壁があった。実際には、当社内でチェックした際に詳細設計の内容や意図が理解できなかった点などがあり、相互の企業内で設計の主任技術者となれる資質を持った人材を相互に交換し常駐させる体制を整えた。この相互駐在体制によって、日本からの依頼内容に対してその意図を具体的に説明して、齟齬がないように調整を行えるようになった。その結果、無事に業務が完了できた。 以上

　この記述では、業務の条件と行われた結果だけが報告されているため、成果に対する記述が具体的ではないと判断されてしまう。そのため、相当に厳しい姿勢で試問をしてくると考えられる。そういった状況から、下記のような試問が想定される。

　・この業務が技術士としてふさわしいという理由を説明してください。

　・総合技術監理の視点から、どんなトレードオフがありましたか？

　・あなたが最も工夫した点はどこか具体的に説明してください。

(8) 技術的体験論文例-8（総合技術監理部門：電気電子─電気設備科目）

年度　技術士第二次試験〈技術的体験論文〉

受 験 番 号	210405B00XX		氏 名	技術 八郎

技 術 部 門	総合技術監理部門
選 択 科 目	電気電子－電気設備
専門とする事項	施設電気設備

1．技術士にふさわしいと思われるもの2例の概要

1－1　業務1：高層ビル電気設備の施工計画

　都市部において高層ビルを建設する場合には、引込みを行う電力や通信の計画に始まり、現場工程計画、さらには資材の仮置き場所も少ないため、資材搬入計画についても綿密な調整を必要とする。それをまとめ上げるためには、建築担当者だけではなく、他の設備担当者やインフラ設備担当者との頻繁な打合せと調整が必要となる。また、最近では廃棄物ゼロでの計画を行う必要もあるため、計画自体がこれまでとは変わってきている。私は、高層ビル工事における電気設備の主任技術者として、施工監理全般を担当した。

1－2　業務2：空港設備の統合監視システムの計画

　空港においては多くの設備が利用されており、空港の快適な利用に貢献すると同時に、安全面においても非常に重要な役割を果たしている。不特定多数の人が利用する施設を適切に維持していくためには、それぞれの設備状況を的確に把握して、瞬時に対応がとれる監視システムが不可欠である。それらの設備が竣工時に十分な連係機能を発揮するためには、事前計画が非常に重要となる。私は、電気設備の統合化責任者として計画を実施した。

2．空港設備の統合監視システムの計画（業務2）の詳述

2－1　私の立場と役割

　現在では、多くの設備がコンピュータを使った監視・管理システムで運用されるようになっている。そういったシステムはオープン化されるようになってきているが、それらを適正に機能させるためには、統合するシステムの完成度が重要となっている。私は、そういった多くのシステムを統合化する計画の責任者として業務を行った。

2－2　業務を進める上での課題及び問題点

　空港は非常に多くの設備の集合体であるといっても過言ではない。また、通常のオフィスビルと比較すると、外部との連係が多くある施設でもある。また、オフィスビルなどと比べると新設計画数が非常に少なく、特殊な仕様が多いために、そこで用いられる設備に関しては特注仕様が多く加えられている場合が多い。特注仕様が多い場合には、個々の設備の納期が長くなるのが通常である。一方、それらを統合監視するシステムについても、それ自体が特注仕様となるのは避けられない。そういった条件下では、事前の総合試験が重要なキーとなるが、設備が電子機器であるために、新築建物に設置できるのは建築工事や空調設備工事がある程度完成した時期になる。その時期から試験計画を開始すると試験が竣工までに十分に行えない結果となり、竣工後に問題を引き起こす例が多い。

2－3　私が行った総合技術監理の視点からみた提案

　最近では、システムの不具合により大きな問題を発生した例を多く聞くようになっている。本業務においては、そのためにシステム統合化の責任者を設けて対応することにしたのであるが、予定される工程において何も工夫をしなければ、十分な総合試験時間が確保できないのは明白であった。そこで、表-1に示すとおり、試験を大きく場外試験と場内試

受 験 番 号	210405B00XX		氏 名	技術 八郎

験に分けて実施し、その中にいくつかのステップを設けることによって、統合化の完成度を高めていくことで各専門業者との協議を進めていった。

表-1 試験の種類と内容

場所	場外試験（現場外に設けた専用場所で行う試験）			場内試験（現場内で行う試験）		
試験名	単独試験	連動試験	総合試験	システム試験	総合システム試験	重度障害試験
試験内容	システム単独で実施する中間試験	関連するシステムの2社間で実施する中間連動試験	すべてのシステムをつなげて連動部分のみを確認する中間試験	現場におけるシステム単独の最終試験	すべてのシステムをつなげた現場最終試験	大規模停電やネットワーク障害などのトラブルを想定した対策試験

なお、場外の試験場所については、関係する専門業者数が 30 社を超えるため、事前に場外に試験専用スペースを長期間借りて対応することとした。

2-4 総合技術監理の視点からみた提案の成果

　場外で行った連動試験では、関連する2社間の試験を行うが、その前に十分な確認打合せをしているにも係らず、結果としては、ほとんどの連動試験はうまくいかなかった。それはシステム設計の基本的な考え方が各社でさまざまであり、使われている用語も統一されていないのが原因であった。そういった情報格差を各社が実際の試験の中で理解できたので、修正打合せではその言葉の壁も解消して、実効性のある打合せが進められるようになり、次の総合試験までには十分な協力体制ができ、組織管理が機能するようになった。

　その後の場内試験では、実際のインフラ設備を使って実施するため、その不具合が試験に影響をおよぼした。しかし、場外試験で事前に連動が確認されているため、スムーズに問題箇所を特定できた。最終的な重度障害試験においては、模擬障害発生からシステム復旧までの間にさまざまな要因による新たな問題点が浮き彫りになり、修正を加えることになったが、竣工までにすべての問題を解消できた。なお、開業して1ヶ月程したときに、大規模な停電事故が発生したが、すべてのシステムが想定通り停電対応し、復電後もスムーズに正常運転に復帰したことは、この方式の有益性を図らずも証明した結果となった。

2-5 総合技術監理の視点から見て今後の改善が必要と思われること

　今回のように、場内試験の期間が短い場合には、費用がかかったとしても場外試験を実施する価値は高いと考える。また、ステップを多く設定したことによって工数がかかるため、当初は多くの専門業者から不評をかったが、最終的には手戻り工数が減り工数的な負担は結局少なくすんだとの評価を得た。このように、監理する側としての負担は多くあったが、全体の工数が大幅に削減できた点からも、総合的には有益な方式と考える。

　なお、最近のネットワーク環境を考慮すると、専用スペースに各社のシステムを持ち込むことなく、連動試験や総合試験が実施できるような状態になってきていると考えられる。一箇所に集まって顔を突き合わせて実施する試験も有効であるが、さらにネットワークを使って、自社を含めて各社の負担を少なくした場外試験が可能になってきているといえる。今後は、このような形で、さらに新しい試みをしていきたいと考えている。

　今後は、本業務のようなシステム機器の統合化によって生じる障害のリスクを軽減するための方策が一層重要となる。特に、監視制御の分野においてはオープン化と統合化の動きは拡大していく傾向にあるため、そういったシステム統合化における品質管理とリスク管理および経済性管理の重要性が高まっていくと考えられる。　　　　　　　以上

枚数 2/2

(a)『業務内容の詳細』例1

業務内容の詳細

当該業務での立場、役割、成果等
空港においては多くの設備が利用されており、その多くがコンピュータを使った監視・管理システムで運用されている。そういったシステムはオープン化されるようになってきており、それらを適正に機能させるために統合するシステムが求められている。私は、そういったシステムを統合化する計画の責任者として業務を行った。空港は、オフィスビルなどと比べると新設計画数が非常に少なく、特殊な仕様が多いために、そこで用いられる設備に関しては特注仕様が多く加えられている場合が多い。それらを統合監視するシステムについても、それ自体が特注仕様となるのは避けられない。しかも、そういった設備が現場に設置される時期は竣工に近い時期に集中するため、すべての試験が竣工までに十分に行えない結果となり、竣工後に問題を引き起こす例が多い。そのため、試験を大きく場外試験と場内試験に分けて実施し、その中にいくつかのステップを設けることによって、統合化の完成度を高めていくことで各専門業者との協議を進めていった。場外試験の実施により、各社の情報格差を理解できたので、修正打合せではその言葉の壁も解消して、実効性のある打合せが進められるようになった。その後の場内試験では、実際のインフラ設備を使って実施するため、その不具合が試験に影響をおよぼした。しかし、場外試験で事前に連動が確認されているため、スムーズに問題箇所を特定できた。最終的な重度障害試験においては、模擬障害発生からシステム復旧までの間にさまざまな要因による新たな問題点が浮き彫りになり、修正を加えることになったが、竣工までにすべての問題を解消できた。　　以上

　　この記述では、ほぼ試験委員が知りたいことは述べられているので、この内容が受験者自身の経験によるものであるかどうかを中心に質問するパターンになると考えられる。そういった状況から、下記のような試問が想定される。

　　・人的資源管理の点では、どういったところに工夫をしましたか？

　　・この発想をどこから得ましたか？

　　・現在の技術レベルでは、どういった工夫が加えられますか？

(b)『業務内容の詳細』例2

業務内容の詳細

当該業務での立場、役割、成果等
1. 私の立場と役割 　空港においては多くの設備がコンピュータを使った監視・管理システムで運用されている。そういったシステムはオープン化されるようになってきており、それらを適正に機能させるために統合するシステムが求められている。私は、そういったシステムを統合化する計画の責任者として業務を行った。 2. 成果 　空港は、特殊な仕様が多いため、用いられる設備に関しては特注仕様が多く加えられている場合が多い。それらを統合監視するシステムについても、それ自体が特注仕様となるのは避けられない。しかも、そういった設備が現場に設置される時期は竣工に近い時期に集中するため、すべての試験が竣工までに十分に行えない結果となり、竣工後に問題を引き起こす例が多い。そのため、試験を大きく場外試験と場内試験に分けて実施し、その中にいくつかのステップを設けることによって、統合化の完成度を高めていくことで各専門業者との協議を進めていった。場外試験の実施により、各社の情報格差を理解できたので、修正打合せではその言葉の壁も解消して、実効性のある打合せが進められるようになった。その後の場内試験では、実際のインフラ設備を使って実施するため、その不具合が試験に影響をおよぼした。しかし、場外試験で事前に連動が確認されているため、スムーズに問題箇所を特定できた。最終的な重度障害試験においては修正を加えることになったが、竣工までにすべての問題を解消できた。　　　　　　　　　　　以上

　この記述では、本人の工夫によって業務の方式を変えたという点で説明が弱いので、本当に受験者自身の発想で行われた業務であるかを確認する試問をしてくると考えられる。そういった状況から、下記のような試問が想定される。

　　・こういった発想を得たのは、どこからですか？

　　・実施する前に、どういったトレードオフを考えましたか？

　　・この業務について社会環境管理の視点での特徴を述べてください。

(c)『業務内容の詳細』例 3

業務内容の詳細

当該業務での立場、役割、成果等
1.　私の立場と役割 　空港で多くの設備がコンピュータを使った監視・管理システムで運用されており、それらを適正に機能させるために統合するシステムが求められている。私は、そういったシステムを統合化する計画の責任者として業務を行った。 2.　成果 　空港で用いられる設備に関しては特注仕様が多く加えられている場合が多い。それらを統合監視するシステムについても、それ自体が特注仕様となるのは避けられない。設備が現場に設置される時期は竣工に近い時期に集中するため、すべての試験が竣工までに十分に行えない結果となり、竣工後に問題を引き起こす例が多い。そのため、試験を大きく場外試験と場内試験に分けて実施し、その中にいくつかのステップを設けることによって、統合化の完成度を高めていくことで各専門業者との協議を進めていった。場外試験では、場内試験で連動が確認されているため、スムーズに問題箇所を特定できた。　　　　　　　　　　以上

　この記述は、業務の状況説明と得られた結果が中心の記述になっているが、この方法が取られるまでの経緯が十分に示されていない。そのため、高等な専門的応用能力を発揮した点について、補足説明を求めてくると考えられる。そういった状況から、下記のような試問が想定される。

・この業務が総合技術監理部門の技術士としてふさわしいという理由を説明してください。

・各専門業者との協議において、具体的に問題となった事象を説明してください。

・あなたが最も苦労した点はどこか具体的に説明してください。

第3章
口頭試験の対策

　現在の口頭試験は、基本的に「技術士としての適格性」を判定する試験となっている。そのため、口頭試験合格率の数字は平成24年度試験以前の口頭試験よりは上がっている。しかし、だからといって手放しに安心してしまうのは危険である。ここで、手を抜いて口頭試験に失敗してしまうと、翌年は筆記試験からの出直しになるため、口頭試験の受験者は最後まで気を抜かずに準備をしていく必要がある。特に、現在の試験制度では、「技術士に求められる資質能力（コンピテンシー）を持っているか」という視点で、『業務内容の詳細』という受験者の業務体験を受験申込書に記載し、その内容を口頭試験での大きな試問項目としている点が重要なポイントとなっている。技術士試験創設以来続いていた「技術的体験論文」はなくなっているが、試験委員が技術士としてふさわしい資質能力として、「高等の専門的応用能力」を重視する点は現在でも変わらない。また、筆記試験における記述式問題の答案を踏まえて試問をするとされているので、そういった事項に関しても準備をしておかなければならない。

　ただし、技術士試験は合格者数が決められている競争試験ではないので、口頭試験とは基本的に自分自身との勝負をする試験である点を認識して、あせる心を抑えながら、着実に準備を進めていくことが重要である。

　この章では、過去の口頭試験で受験者に試問された問題をもとにして作成した想定試問例をみてもらい、口頭試験に対する心の準備をしてもらうことが目的である。

1．口頭試験の試問事項

　技術士試験の合否判定は、筆記試験では科目合格制となっており、すべての科目で合格する必要がある。口頭試験においても、同様の考え方で試問事項ごとの合格制となっているので、どの項目も気を抜かずに準備する必要がある。

（1）総合技術監理部門以外の技術部門

　総合技術監理部門以外の技術部門に対する口頭試験の試問事項を**図表3.1**に示すが、口頭試験の試問事項としては、2つの大項目に分けられた合計4つの試問事項があり、それらすべてについて能力があると判定された場合に合格とされる。

図表3.1　技術士第二次試験口頭試問事項と配点（総合技術監理部門以外の技術部門）

大項目	試問事項	合格基準	試問時間
Ⅰ　技術士としての実務能力	①　コミュニケーション、リーダーシップ	60％以上	20分＋10分程度の延長可
	②　評価、マネジメント	60％以上	
Ⅱ　技術士としての適格性	③　技術者倫理	60％以上	
	④　継続研さん	60％以上	

　試問時間は、総合技術監理部門以外の技術部門では20分（場合によっては10分の延長が可）とされている。口頭試験の20分または30分が長いか短いかは、それぞれの受験者の知識量などによって感じ方が違ってくると思うが、著者らの経験では、最初に技術士第二次試験に合格した際には30分の口頭試験が実施されていたが、それでさえ終わった後は放心状態となり、何もする気が起きなかったくらい疲労するほど長かったと記憶している。また口頭試験の合格発表までの長い期間、試験の回答で失敗したと思える部分が何度も心に浮かび、くよくよと悩んだものである。ただし、著者らが技術士第二次試験を受験

していた頃は、ほとんど技術士試験関係の参考書がなかったために、口頭試験は受験者にとって未知の世界であり、どういった試問がなされるのかという情報が全くなかったという背景もある。

　最近では口頭試験の情報も多くなってきてはいるが、口頭試験では誰しも相当な緊張を感じるため、受験者の性格によっては、自分の実力を十分に発揮できない可能性がある。そういった人が試験終了後に反省をするような結果にならないために、これから説明する内容を理解してもらい、十分な復習と練習を繰り返してもらいたいと考える。

　なお、口頭試験の試問事項については、特に試験委員からどの項目について質問しているという説明はなく、質問が次々と飛んでくる感じである。しかし、試験委員は思いつきで質問をしているわけではなく、質問すべき内容については受験者一人ひとりに対して事前に準備してあり、それを複数の試験委員でどう担当するかまでもが決められている。最初に着席するように声をかけた試験委員が、その受験者の口頭試験の司会役となって口頭試験は進められていく。途中で質問する試験委員が交代するが、それが試問事項の変更点である場合が多い。受験者は、複数の試験委員が自分の前に座っているという環境に置かれただけでも、どうしても不安と緊張で平常心を忘れてしまうものである。受験者の中には、顧客の前で頻繁にプレゼンテーションをしているような人もいるので、そういった人であれば、こういった雰囲気での対処法を心得ていると思うが、そうではない人や若い受験者にとっては、この試験室の雰囲気だけでも相当なプレッシャーを感じるはずである。しかし、口頭試験の試験委員は、決して受験者を多く落とすことを目的に口頭試験を行っているわけではなく、「技術士に求められる資質能力（コンピテンシー）を有するかどうか」を見極めるために試験という場に立ち会っているという認識を持っている点を忘れないようにしなければならない。そういった気持ちから、試験委員も受験者にできるだけリラックスしてもらおうと、最初の質問は、「今日は、どちらから来たのですか」あるいは「沖縄から昨日、来られたのですか。」という答えやすいものから始められていた。こういった場でいきなり厳しい試問がなされると、受験者が一気に緊張してしまうために、最初は受験者自身の経験について話させる時間を設けていたのである。それに対して、「あなたは多彩な経験をして

いるのですね。」とか、「○○については多くの体験をされていますね。」といった柔らかい反応から始まるケースが多くあったようである。

　現在の試験制度では、一般的に『業務経歴』や『業務内容の詳細』に関する試問から口頭試験が始まる。その試問において確認される大きなポイントが、「高等な専門的応用能力を必要とした業務を行った経験があるかどうか」であるので、記載された『業務内容の詳細』の内容に関して、それを確認するための試問が行われる。その方法は、『業務内容の詳細』の内容レベルによって変わってくると考えられる。『業務内容の詳細』の記述内容が「高等な専門的応用能力を必要とした業務」であるかどうか不明の場合には、相当に突っ込んだ試問がなされると考えられるが、内容的に十分な記載がなされていた場合には、それが受験者自身で実際に行った業務であるかどうかの確認を主眼に試問がなされると考えられる。

　令和元年度試験からは、『業務内容の詳細』に関する試問の前に、過去の業務経歴全般を対象にして、「コミュニケーションを必要とした業務」や「業務上で発揮したリーダーシップの内容」、「過去の業務でマネジメントに関する経験」について受験者に問う試問を行っている技術部門・選択科目が複数見られた。そういった点では、『業務内容の詳細』の説明を最初に問われるという固定観念を持って試験に臨むと機先をそがれる結果になるので、気をつける必要がある。その場合でも、後半は『業務内容の詳細』の試問に移ってくる場合が多いようである。

　それが終わると、筆記試験で受験者自身が解答した記述式問題の答案、とりわけ選択科目（Ⅲ）と必須科目（Ⅰ）についての「問題解決能力・課題遂行能力」問題に関する試問に移っていくが、この試問がなされている例は、それほど多くはないようである。試問される内容も、受験者自身が書いた答案の出来具合によって変わってくるが、基本的に筆記試験には合格しているので、内容的に不完全な部分や、「問題解決能力・課題遂行能力」で複数の解決策が考えられる場合に、他の解決策についての補足や意見を求める試問がなされると考えられる。

　それら「Ⅰ　技術士としての実務能力」に関する試問が終了したら、「Ⅱ　技術士としての適格性」の試問事項である「③技術者倫理」と「④継続研さん」

の試問事項に移っていくが、その順番は受験者によって違っており、定まった
順番はないと考えておかなければならない。

(2) 総合技術監理部門

　総合技術監理部門の口頭試験は、一般の技術部門の技術士になっているか
どうかで違っており、まだ技術士となっていない場合には、**図表3.2**に示す、
「I必須科目に対応」に示した内容と「II選択科目に対応」について、それぞれ
20分間の試問時間で実施される。また、すでに技術士となっている人が、そ
の技術部門・選択科目に相応する総合技術監理部門の選択科目を受験する場合
には、「I必須科目に対応」の内容について20分間の試問時間で実施される。
ただし、現実としてすでに技術士資格を持っている人が総合技術監理部門を
受験するケースがほとんどであるので、「I必須科目に対応」の内容となる人
が多い。

　なお、どの場合も10分間の延長ができるとされているので、延長された場合
には注意して回答するようにしなければならない。

図表3.2　技術士第二次試験口頭試問事項と配点（総合技術監理部門）

大項目	試問事項	合格基準	試問時間
I　必須科目に対応			
1　「総合技術監理部門」の必須科目に関する技術士として必要な専門知識及び応用能力	①　経歴及び応用能力	60%以上	20分+10分程度延長可
	②　体系的専門知識	60%以上	
II　選択科目に対応			
1　技術士としての実務能力	①　コミュニケーション、リーダーシップ	60%以上	20分+10分程度延長可
	②　評価、マネジメント	60%以上	
2　技術士としての適格性	③　技術者倫理	60%以上	
	④　継続研さん	60%以上	

　口頭試験に臨むための受験者の心構えや回答時の注意については、第1章の
「10. 口頭試験の受け方」の節に示したとおりであるので、再度確認をしておい

てもらいたい。また、試験の流れについても、第1章の「9.　口頭試験の流れ」
の節を参照して、口頭試験日までにしっかり頭に入れておいてもらいたい。

2. 技術士としての実務能力

　この項目のポイントは、受験者の経歴に関する具体的な内容を試問して、そ
れが技術士となるのにふさわしいレベルであるかを判定するものである。『業務
内容の詳細』の内容はここで試問されるので、最も重きをおかれる試問事項と
なっている。ここで想定される試問事項としては、次の3つがある。

① 『業務内容の詳細』に関するもの

② 経歴全般に関するもの

③ 筆記試験における記述式問題の答案に関するもの

図表3.3 『技術士としての実務能力』で評価されるコンピテンシー①

コミュニケーション	・業務履行上、口頭や文書等の方法を通じて、雇用者、上司や同僚、クライアントやユーザー等多様な関係者との間で、明確かつ効果的な意思疎通を行うこと。 ・海外における業務に携わる際は、一定の語学力による業務上必要な意思疎通に加え、現地の社会的文化的多様性を理解し関係者との間で可能な限り協調すること。
リーダーシップ	・業務遂行にあたり、明確なデザインと現場感覚を持ち、多様な関係者の利害等を調整し取りまとめることに努めること。 ・海外における業務に携わる際は、多様な価値観や能力を有する現地関係者とともに、プロジェクト等の事業や業務の遂行に努めること。

図表3.4 『技術士としての実務能力』で評価されるコンピテンシー②

評価	・業務遂行上の各段階における結果、最終的に得られる成果やその波及効果を評価し、次段階や別の業務の改善に資すること。
マネジメント	・業務の計画・実行・検証・是正（変更）等の過程において、品質、コスト、納期及び生産性とリスク対応に関する要求事項、又は成果物（製品、システム、施設、プロジェクト、サービス等）に係る要求事項の特性（必要性、機能性、技術的実現性、安全性、経済性等）を満たすことを目的として、人員・設備・金銭・情報等の資源を配分すること。

　内容の評価は、「技術士に求められる資質能力（コンピテンシー）」の内容に基づいて行われる。『技術士としての実務能力』では、「①コミュニケーション、リーダーシップ」と「②評価、マネジメント」について評価が行われるので、その内容を図表3.3と図表3.4で再確認してもらいたい。

（1）『技術士としての実務能力』についての試問方法

　『技術士としての実務能力』で、『業務内容の詳細』については、試験委員が『業務内容の詳細』を読んで感じた満足度によって、試問される形式に大きな違いが生じると考えなければならない。『業務内容の詳細』で専門的応用能力を発揮している業務が記載されていれば、試問のポイントは、その業務を受験者自身が行ったものかどうかに焦点は絞られると考えられる。そういった確認をする方法としては、受験者が業務中で検討した経緯について細かく質問して、本当に自分で考えたかどうかを判断できるような、突っ込んだ質問がなされる。必要な場合には、試験委員が知っている類似の業務を示して、「この場合にはどう考えるか。」というような形で質問が出される場合も考えられる。そのため提出している『業務内容の詳細』の内容が、受験者自身が行ったものであり、それが高等な専門的応用能力を発揮したものである点を強調しながら、説明していくように心がけなければならない。「高等な専門的応用能力を発揮した」という点については、技術部門や選択科目によってポイントが違うが、一般的には技術的問題の解決策に独創性があり、そこから得られる成果が顕著なものである必要がある。さらに、その手法が今後も広く使われていくような価値を持っており、応用範囲が広いと判断できるものであるのが望ましい。この点を十分に説明できない場合には、口頭試験が試問事項合格制をとっている以上、ここで不合格が確定してしまう。そのため、ここが最も重要な試問事項と考えなければならない。一方、この場合に本当に受験者が行っている業務であれば、受験者にとって回答は容易であり、落ち着いて回答をしていけば、合格点を取れるのは間違いない。

　また、「評価」という観点から、最近の新しい技術動向を考慮して、「今ならどう考えるか。」とか、「改善すべき点はないか。」などの試問も考えられる。さらに、試験委員が、『業務内容の詳細』の内容よりも、評価項目の「コンピ

テンシー」の項目を重視している場合には、受験者の業務経歴全般を対象に、「コミュニケーション」、「リーダーシップ」、「マネジメント」などの能力を発揮した業務を受験者に挙げさせて、その内容を評価しようという形式で試問を行う例も多い。そういった点で、あまり固定観念を持たずに、事前に「コミュニケーション」、「リーダーシップ」、「マネジメント」の視点で、自分の経歴業務の棚卸をしておく必要がある。

　次に、『業務内容の詳細』の内容が多少不十分であった場合には、その内容を補足させるような試問がなされる。具体的には、この業務が「高等な専門的応用能力を発揮した」と主張できる点について、受験者の回答の内容から確認しようとする試問が行われる。その試問内容は、『業務内容の詳細』で十分でない記述の部分を中心に行われ、その中で、その業務経験を受験者が自身で行ったものかどうかも合わせて確認がなされる。

　もう1点、『業務内容の詳細』を読んでも全く「高等な専門的応用能力を発揮した」ということが見えない場合には、業務の説明を新たにしてもらう手順で試問が行われる。極端な場合には、『業務内容の詳細』に示した業務について、「高等な専門的応用能力を発揮したという視点で内容を説明してください。」というような試問を行う場合も考えられる。受験者が、「高等な専門的応用能力を発揮した」という点に対して自覚があれば、それをここでちゃんと説明できるので、『業務内容の詳細』の不備は解消される。しかし、その認識がなければ、技術士としてふさわしいかどうかという点でマイナスの評価を受ける可能性がある。こういった形式での試問がなされた場合には、10分間の延長を免れることはできず、連係した複数の試問が試験委員からなされ、受験者はそれに適切に回答し続けることで、試験委員を納得させる必要がある。

　なお、『業務内容の詳細』に関する試問の方法は、『業務内容の詳細』の事前評価レベルによって試験委員の対応が大きく違ってくるので、ケース別に試験委員の出す試問のポイントについて図表3.5にまとめてみる。

図表3.5　『業務内容の詳細』の事前評価レベル別による試問のポイント

ケース	記述の評価レベル	試問のポイント
1	『業務内容の詳細』の完成度が非常に高い場合	①受験者自身が経験した内容か ②協力者の力が大きくないか ③どこから発想を得たのか ④このアイデアがどれだけ応用できるものと考えているか ⑤将来性はあると考えているか ⑥今なら新しい考え方はないか
2	『業務内容の詳細』の内容に少し不満がある場合	①どこから発想を得たのかの再確認 ②記述内容に不満がある部分の再説明 ③独創性の説明が不足している部分の補足依頼 ④将来性や他分野への応用の可否確認 ⑤内容の不足を補える説明力があるか ⑥質問を理解して適切な回答ができる資質があるか
3	『業務内容の詳細』が選択科目や専門とする事項に合っていないと考えた場合	①選択科目や専門とする事項に誤認識がないか ②独創性のポイントが専門とする事項に合っていると考える理由の確認 ③受験者自身が経験した内容であるか ④どこから発想を得たのか
4	『業務内容の詳細』のレベルが低いと考えた場合	①なぜこの『業務内容の詳細』を提出したのか ②どこに独創性があると考えているのか ③技術士というものを理解しているか ④不合格とするレベルと言い切れるか

　図表3.5のケース1の場合には、『業務内容の詳細』を受験者自身が書いた内容であると説明でき、業務の再評価や他分野への応用性などの試問に回答できれば、受験者の技術的体験内容は高い評価を得るため、「①コミュニケーション、リーダーシップ」と「②評価、マネジメント」のコンピテンシーは合格点を超えると考えてもらえる。

　ケース2の場合には、試験委員が『業務内容の詳細』に対して不満に感じた部分に関する補足説明を求めてくるので、試問の内容に対して適切に回答をしていければ、「①コミュニケーション、リーダーシップ」はあると判断される。さらに、業務の再評価やマネジメントのポイントが的確に示せれば、「②評価、マネジメント」についても合格点を超える可能性は非常に高くなる。

　ケース3の場合には、受験者が選択した選択科目または専門とする事項と

『業務内容の詳細』の内容にミスマッチングがあると試験委員は考えているので、その点を再確認する試問が多くなる。もしもミスマッチングであると試験委員に判断されると、この試問事項が不合格になってしまうため、受験者がその点を察知した場合には、できるだけミスマッチングではないという点を強調する回答をして、試験委員に納得してもらう必要がある。それによって、「①コミュニケーション、リーダーシップ」の評価が合格点を超えるとともに、「②評価、マネジメント」の点でも問題ないと判断してもらえる。

　ケース4の場合には、『業務内容の詳細』とは別に、口頭試験の中で改めて「高等な専門的応用能力を発揮したか」を問う試問が行われる。そのためには、受験者の口から直接、「高等な専門的応用能力を発揮した」という主張をさせるしかない、その点を理解しないで、淡々と自分が経験した業務を、単なる業務報告のように説明すると「①コミュニケーション、リーダーシップ」の点で不適切となり、ほとんど合格する見込みはなくなってしまうと考えるべきである。そういった点で、試験委員の試問の意味をしっかり理解して、ポイントを押さえた説明をしなければならない。ここをうまく説明したとしても、それを受験者自身が行った業務であるかどうかの確認をする試問が連続し、厳しい口頭試験となるのは間違いない。この場合には10分間の延長は免れないが、口頭試験で合格を勝ち取るためには、口頭試験会場で、『業務内容の詳細』の記述が不備であったと気がついたのでは遅すぎる。口頭試験準備期間中に、『業務内容の詳細』を読み返した時点で気がついて、その補足を事前に考えていた場合に初めて適切な対応ができると考えられる。

　『業務内容の詳細』に関する試問を乗り越えられると、次の試問は受験者自身の経歴に関するものなので、「①コミュニケーション、リーダーシップ」の点で問題がなければ、不合格になるような失敗は少ないと考えられる。特に、説明された内容に対して試験委員が興味を示すと、試験委員は勉強家であるので、それを深く知りたいという欲求に駆られて、内容を教えてもらいたいというような質問姿勢になってくるからである。そうなれば、この試問事項は合格範囲に入ったものと判断して間違いはない。なお、試験委員によっては、こちらの試問を『業務内容の詳細』に先駆けて行っている例もあるので、注意する

必要がある。

　その後が、筆記試験で解答した記述式問題の答案に関する試問となっていく。特に必須科目（Ⅰ）や選択科目（Ⅲ）の「問題解決能力・課題遂行能力」問題の場合には、答えが1つとは限らないケースが多いため、あえて筆記試験で解答した解決策とは違った解決策に対する見識を、受験者に問うような試問がなされることがある。その回答で、試験委員が興味を持つような内容について説明されると、評価は高まっていく。逆に、意見が対立した場合には、受験者側である程度距離をおいて回答していかないと、議論になってしまう危険性がある。そうなると、結果は受験者側に不利に働くので、ある程度の主張をすることは必要であるものの、適当なところで議論を収めるようにしていかなければならない。こういった対応が冷静にできるようになるためには、事前に答案を復元しておき、口頭試験前に復元答案を見ながら反省点を事前に検討しておくことが重要である。

（2）『技術士としての実務能力』についての試問例（総合技術監理部門以外の技術部門）

　総合技術監理部門以外の技術部門で、試問されると考える試問例を以下に示すので、練習の参考にしてもらいたい。質問の方法として、業務内容の紹介や業務経歴に関する質問から入るパターンと、評価のポイントとなるコンピテンシーの、「①コミュニケーション、リーダーシップ」や「②評価、マネジメント」から入るパターンがあるので、それぞれに分類して試問例を示す。

（a）『業務内容の詳細』に関する試問例
1）『業務内容の詳細』の概要に関する試問例
　○　『業務内容の詳細』について簡潔に説明してください。
　○　『業務内容の詳細』について3分程度で説明してください。
　○　業務経歴と『業務内容の詳細』について3分以内で説明してください。
　○　『業務内容の詳細』に書いてある発想はどういった経緯で考えたのですか。
　○　『業務内容の詳細』で最も苦労した点は何でしたか。

○　『業務内容の詳細』に書いてあることがイメージできないのですが、補足してもらえますか。

○　『業務内容の詳細』について、高等な専門的応用能力を発揮したという視点で内容を説明してください。

○　どこが自分の独創的な点かを再度アピールしてください。

○　この業務について、技術士にふさわしいと思うところを簡単に説明してください。

○　△△技術をこの業務では使っていますが、どういったことから発想したのですか。

○　なぜ、△△工法をここでは採用しなかったのですか。

○　結構古いテーマを今回挙げていますが、どうしてこのテーマを選んだのですか。

○　技術的成果が定性的ですので、定量的に説明できますか。

2)『業務内容の詳細』でコミュニケーションに関する試問例

○　この業務で、関係者との利害等の調整をどのようにしましたか。

○　この手法に決定した経緯について説明してください。

○　地元との協議を行ったとのことですが、何回くらい実施したのですか？

○　関係者協議とありますが、どのような関係者との協議だったのですか？

3)『業務内容の詳細』でリーダーシップに関する試問例

○　まだ若いですが、どうしてここまでの業務が任されたのですか。

○　この業務は一人だけで行ったのですか。上司はどんな役割をしましたか。

○　『業務内容の詳細』の業務は、あなたが主体で行ったのですか？

○　業務内容の詳細に示された計画は、誰が主体となって実施したのですか？

○　あなたは公務員ですが、『業務内容の詳細』に述べられた業務は、コンサルタントに委託した業務ですか。

4) 『業務内容の詳細』で評価に関する試問例

○　業務内容の詳細の成果について現時点での評価をしてください。その評価に対して、具体的に業務をどのように改善していきましたか？

○　業務内容の詳細に示した業務の成果を示し、今後の業務への改善などをどのように考えているかを説明してください。

○　業務内容の詳細で示した業務についての評価と改善点を述べてください。

○　業務内容の詳細のアウトプットの内容について、何か考えていることはありますか？

○　現時点において、業務内容の詳細であなたが選定した調査手法以外にどのような方法が考えられますか？

○　この業務以外で何か工夫をして格段にコストが縮減できたという事例はありますか。

○　今なら同じことをしますか。別の発想があったら説明してください。

○　現時点で、この業務で反省すべき点があるとしたら、そこを説明してください。

○　この業務で安全性について検討したことがあれば説明してください。

○　経済性に関してはイニシャルコストのみが示されていますが、ライフサイクルコストの視点で補足してください。

○　他分野への応用の可能性についてどう考えていますか。

○　今後の展望についてどう考えていますか。

○　この技術が環境にどういった影響を及ぼすかについて説明してください。

○　最近では持続的発展という考え方がありますが、そういった視点でこの業務をどう再評価しますか。

○　この技術は特殊な条件でしか通用しないと思いますが、応用展開という点で意見を述べてください。

○　この業務とは別に失敗した事例があったら、紹介してください。

○　このテーマを選んだ理由は何ですか。

○　ここで開発した技術は実際にどういった製品やサービスに使われてい

ますか。

○　競合製品を具体的に挙げて、それとの違いをアピールしてみてください。

○　この技術の次に来るものとして、あなたは何があると考えていますか。

○　なかなか良い仕事をしていますが、最も苦労した点を簡単に説明してください。

○　この業務の失敗はその後の業務で生かされていますか。

○　コストに関しては、どのように考えたのですか。

5）『業務内容の詳細』でマネジメントに関する試問例

○　『業務内容の詳細』で書いている業務は、どういった実施体制だったのかを教えてください。

(b)　『業務経歴』に関する試問例

1）業務経歴の概要に関する試問例

○　業務経歴について、提出した書類に記載した上から順に3分程度で説明してください。

○　業務経歴について簡単に説明してください。

○　業務経歴について、△△を専門とする技術者としての立場から説明してください。

○　業務経歴に記述した業務以外で何か技術士としてふさわしいものがあったら説明してください。

○　何か面白い、変わった工夫をしたという事例はありますか。

○　業務経歴をみると△△技術のことだけをこれまで行ってきているようですが、他の経験はないのですか。

○　業務経歴について何か追加することはありますか。

2）業務経歴でコミュニケーションに関する試問例

○　業務を通して特に印象に残ったことは何ですか。

○　大学院での研究と仕事は分野が違うようですが、大学と仕事は別とい

う考えでしたか。

○　特許や著作、発表論文などはありませんか。

○　海外の業務経験が長いようですが、国内業務との違いは何だと思いますか。

3)　業務経歴で評価に関する試問例

○　これまでに経験した失敗例に対して、再発防止策を検討したことはありますか。

○　これまでの業務で失敗したと思うものを挙げて、その原因は何かを説明してください。

○　『業務内容の詳細』で書かれた業務以外に、技術士としてふさわしいテーマはありますか。

○　業務経歴の中で自分が技術士にふさわしいと思う業務はどれですか。

○　一番記憶に残っている業務はどれですか。

○　大学院での経験と現在の業務との接点は何ですか。

○　非常に多彩な経験をお持ちですが、どの分野が自分では一番得意ですか。

○　多くの新しい経験をしていますが、どういった方法で知識を身につけたのですか。

(c)　『コミュニケーション』に関する試問例

○　これまで業務を行っている中で、人とのコミュニケーションはどのようにとってきましたか？　具体的な事例を挙げて説明してください。

○　社内でのコミュニケーションではどういった点に注意していますか？

○　あなたは業務経歴が長いので人とのコミュニケーションも多く行ってきていると思いますが、人とのコミュニケーションで苦労したことはありますか？

○　コミュニケーションを必要とした業務について具体的に話してください。

○　業務上で必要とされるコミュニケーションには何がありますか？

○　論文などの技術発表の経験はありますか？

○　わかりやすく伝えるために何に留意しましたか？

○　住民との合意はとりましたか？

○　利害関係者との間でもめたり、うまくいかなかったりしたときは、どのように対処していますか？

(d) 『リーダーシップ』に関する試問例

○　これまでの業務経歴の中で最もリーダーシップを発揮できた事例を具体的に説明してください。

○　業務上で発揮したリーダーシップの内容を説明してください。

(e) 『評価』に関する試問例

1) 業務に関する評価の試問例

○　業務の問題を、現状ではどのように改善しようと考えていますか？

○　あなたが業務計画を策定した中で反省点はありますか？

○　あなたが実施した業務に対する自分なりの評価を教えてください。

○　過去の失敗を挙げ、それをどう生かしているか話してください。

○　業務上の失敗例と、それに対しどのように対応したか？　また、現在ならどのような対応をするかについて説明してください。

○　過去の業務の評価をして、次の業務にそれを生かしているということはありますか？

○　自分が技術士になったとして反省すべき点はありませんか。

2) 『筆記試験における記述式問題の答案』に関する試問例

○　選択科目（Ⅲ）の解答で○○対策について示していますが、あなたはどんな対策が必要であると考えていますか？

○　選択科目（Ⅲ）の2つの問題のうち、どうしてこの問題を選んだのですか。

○　選択科目（Ⅲ）のもう1つの問題は、どんな内容でしたか。

○　必須科目（Ⅰ）の課題について、付け加えたいことはありますか。

○　必須科目（Ⅰ）の解決策で、記載した以外で検討した代替案を説明してください。

○　あなたが解答した問題△番で業務プロセスのポイントを説明してください。

○　あなたが解答した問題△番で留意すべき点を補足してください。

○　あなたが解答した問題△番で法的な規制について説明してください。

○　あなたが解答した問題△番で業務当初に調査すべき事項を説明してください。

○　あなたが解答した問題△番では、経済的に効果的な代替案があると考えますが、別の解決策を説明してください。

○　あなたが解答した問題△番の解決策で、安全性の視点で工夫すべき点を補足説明してください。

○　あなたが解答した問題△番の解決策で、経済性の面での効果を補足説明してください。

○　あなたが解答した問題△番の解決策で、デメリットとなる点を説明してください。

○　「問題解決能力・課題遂行能力」問題の方からの質問ですが、□と△の乖離とありますが、どういったことを想定しているのですか。

(f)『マネジメント』に関する試問例

○　あなたの立場で行っているマネジメントは、具体的にどのようなことですか。

○　資源の配分などマネジメントについて具体的に説明してください。

○　限られた資源をどのようにマネジメントしているのか話してください。

○　過去の業務でマネジメントに関する経験を説明してください。

○　顧客の要求事項を満たすように、資源（人員、設備、コスト、情報）をマネジメントするうえで工夫していることはありますか？

○　利害関係者に対して技術的な提案をして対処したような業務はありますか？

(3) 総合技術監理「Ⅰ必須科目に対応」についての試問例（総合技術監理部門）

　総合技術監理部門を併願で受験する場合には、「Ⅱ選択科目に対応」の部分は、上記（2）の試問例と同じであるが、それに加えて、「Ⅰ必須科目に対応」の試問が行われる。すでに技術士となっている人が、その技術部門・選択科目に相応する総合技術監理部門の選択科目を受験する場合には、「Ⅰ必須科目に対応」の内容についてのみの試問が行われる。

　なお、総合技術監理部門の受験者の多くが、すでに総合技術監理部門以外の技術部門の口頭試験を受験し合格した経験がある人であるが、それにもかかわらず合格率は、総合技術監理部門以外の口頭試験の合格率とあまり変わらない。その理由の多くは、総合技術監理部門で問われている内容を十分に理解しないままに受験しているということが挙げられる。総合技術監理部門では、基本的に『総合技術監理　キーワード集　2021』（日本技術士会ホームページ掲載）に示された内容をもとに業務を遂行する能力の有無を問われているので、その点を強く認識して口頭試験に臨む必要がある。基本的に、口頭試験では『総合技術監理　キーワード集　2021』第1項で説明されている総合技術監理の内容をベースに試問が行われるので、「Ⅰ必須科目に対応」の試問ではそれを前提として回答をしていかなければならない。ここで、総合技術監理部門の概念について図表3.6にまとめたので、この概念を前提に下記の試問例を参考にしてもらいたい。

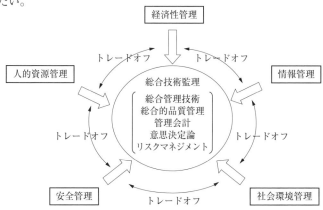

図表3.6　総合技術監理の概念

なお、「Ⅰ必須科目に対応」には、「①経歴及び応用能力」と「②体系的専門知識」の試問がある。総合技術監理部門の質問の方法として、『業務内容の詳細』に関する質問から入るパターンが一般的になっている。

(a) 『業務内容の詳細』に関する試問例

○　『業務内容の詳細』について、総合技術監理部門の技術士の視点でポイントを説明してください。

○　『業務内容の詳細』の業務について5分で内容を具体的に説明してください。

○　『業務内容の詳細』に書いてある発想はどういった経緯で考えたのですか。

○　『業務内容の詳細』の業務で最も苦労した点は何でしたか。

○　『業務内容の詳細』の業務で社会環境管理の視点で補足説明してください。

○　『業務内容の詳細』の業務で人的資源管理の面で補足説明してください。

○　あなたの『業務内容の詳細』では安全管理の視点が抜けているようですが、ここで補足してください。

(b) 『業務経歴』に関する試問例

○　あなたの業務経験を総合技術監理の5つの管理項目の視点で説明してください。

○　過去の業務においてトレードオフで工夫した業務について説明してください。

○　あなたの経験で経済性と安全性のトレードオフを行った事例の概要を述べてください。

○　海外での業務経験が長いようですが、海外業務の特徴について総合技術監理の視点で説明してください。

○　過去の業務で総合技術監理の視点で考えると失敗したと反省するものがあったら、その理由を説明してください。

○　あなたの業務においてリスク事象として重要となるものは何ですか。

○　あなたは通常の業務においてリスク評価をどのようにしていますか。

○　総合技術監理部門を受験した動機は何ですか。

(c)『体系的専門知識』に関する試問例

○　あなたが業務で用いている工程管理の手法について述べてください。

○　最近の情報技術によってあなたの業務でどういった点が変わりましたか。

○　あなたの業務において社会環境管理の視点で最近変化した点を述べてください。

○　国際的な組織形態において情報交換の難しさと対策について述べてください。

○　専門分野が細分化された結果として、どういった組織運用が現在では適切と考えていますか。

○　あなたの業務においてコスト比率の高い項目を挙げて、それをどう管理しているか説明してください。

○　社会環境管理を徹底するとコストに影響してくるが、それを軽減するためにどういった対策を取っていますか。

○　若い技術者をどう管理していますか。

○　人材育成についてどのようなことを行っていますか？

(d)『必須科目の解答』に関する試問例

○　あなたが筆記試験で解答した問題で業務プロセスのポイントを説明してください。

○　あなたが筆記試験で解答した問題で特に留意すべき点を補足してください。

○　あなたが筆記試験で解答した問題では、経済的に効果的な代替案があると考えますが、別の解決策を説明してください。

○　あなたが筆記試験で解答した問題の解決策で、あなたが検討した以外の代替案を説明してください。

○　あなたが筆記試験で解答した問題の解決策に関して、安全性の視点で
工夫すべき点を補足説明してください。

○　あなたが筆記試験で解答した問題の解決策に関して、経済性の面での
効果を補足説明してください。

3. 技術士としての適格性

　この項目で出題される内容としては、「③技術者倫理」と「④継続研さん」の2つとされているが、試問される基本事項には、技術士法などの内容も含まれる。また、内容の評価は、「技術士に求められる資質能力（コンピテンシー）」の内容に基づいて行われるので、それらを含めて試問例の紹介を行う。

3.1　技術者倫理

　技術者倫理の評価の基準となる「技術士に求められる資質能力（コンピテンシー）」は図表3.7のように示されている。

図表3.7　「技術者倫理」で評価されるコンピテンシー

技術者倫理	・業務遂行にあたり、公衆の安全、健康及び福利を最優先に考慮した上で、社会、文化及び環境に対する影響を予見し、地球環境の保全等、次世代にわたる社会の持続性の確保に努め、技術士としての使命、社会的地位及び職責を自覚し、倫理的に行動すること。 ・業務履行上、関係法令等の制度が求めている事項を遵守すること。 ・業務履行上行う決定に際して、自らの業務及び責任の範囲を明確にし、これらの責任を負うこと。

(1) 技術士倫理綱領

　技術者倫理に関して規範となるものとして倫理規定があり、多くの学会で倫理規定や倫理規程などが決められているが、日本技術士会は技術士倫理綱領を定めている。日本技術士会の技術士倫理綱領は、専門職業人団体の倫理規定となっており、学会等の倫理規定とは少し違った条文が含まれているので、ここでその内容を示す。口頭試験の試問の中には、この条文に照らし合わせて判断すると適切な回答ができるものもあるので、一読して概要を理解しておかなければならない。最新の技術士倫理綱領は、平成23年3月17日付で改訂されたものであるので、その内容を下記に掲載する。口頭試験前までに必ず内容を確

認して、試験勉強をしてもらいたい。

技術士倫理綱領

昭和36年3月14日理事会制定

平成11年3月 9日理事会変更承認

平成23年3月17日理事会変更承認

【前文】

　技術士は、科学技術が社会や環境に重大な影響を与えることを十分に認識し、業務の履行を通して持続可能な社会の実現に貢献する。

　技術士は、その使命を全うするため、技術士としての品位の向上に努め、技術の研鑽に励み、国際的な視野に立ってこの倫理綱領を遵守し、公正・誠実に行動する。

【基本綱領】

（公衆の利益の優先）

　1. 技術士は、公衆の安全、健康及び福利を最優先に考慮する。

（持続可能性の確保）

　2. 技術士は、地球環境の保全等、将来世代にわたる社会の持続可能性の確保に努める。

（有能性の重視）

　3. 技術士は、自分の力量が及ぶ範囲の業務を行い、確信のない業務には携わらない。

（真実性の確保）

　4. 技術士は、報告、説明又は発表を、客観的でかつ事実に基づいた情報を用いて行う。

（公正かつ誠実な履行）

　5. 技術士は、公正な分析と判断に基づき、託された業務を誠実に履行する。

（秘密の保持）

　6. 技術士は、業務上知り得た秘密を、正当な理由がなく他に漏らした

り、転用したりしない。

（信用の保持）

　7. 技術士は、品位を保持し、欺瞞的な行為、不当な報酬の授受等、信
　　用を失うような行為をしない。

（相互の協力）

　8. 技術士は、相互に信頼し、相手の立場を尊重して協力するように努
　　める。

（法規の遵守等）

　9. 技術士は、業務の対象となる地域の法規を遵守し、文化的価値を尊
　　重する。

（継続研鑽）

　10. 技術士は、常に専門技術の力量並びに技術と社会が接する領域の知
　　識を高めるとともに、人材育成に努める。

(2) 技術士法関連

　技術士における倫理事項として、技術士法を守ることも求められるので、技術士法の内容を知っている必要がある。口頭試験を受験した人たちからヒアリングした結果で、これまでに試問された技術士法の条項だけを抜き出したものが次の内容である。その中でも出題可能性が高いものと低いものがあるが、逆にこれらの条項以外の試問はないので、ここに示した内容をしっかり暗記しておいてもらいたい。特に技術士法第4章に示された内容は、技術士第一次試験で実施される適性科目が「技術士法第四章の規定の遵守に関する適性を問う問題」が出題されると示されている点からも、技術者倫理の試問対象となると考えなければならない。

これまで口頭試験に出題された技術士法の抜粋

第1章　総　則

（目的）

第1条　この法律は、技術士等の資格を定め、その業務の適正を図り、
　　もって科学技術の向上と国民経済の発展に資することを目的とする。

（定義）

第2条　この法律において「技術士」とは、第32条第1項の登録を受け、
　　技術士の名称を用いて、科学技術（人文科学のみに係るものを除く。以
　　下同じ。）に関する高等の専門的応用能力を必要とする事項についての
　　計画、研究、設計、分析、試験、評価又はこれらに関する指導の業務
　　（他の法律においてその業務を行うことが制限されている業務を除く。）
　　を行う者をいう。

2　この法律において「技術士補」とは、技術士となるのに必要な技能を
　　修習するため、第32条第2項の登録を受け、技術士補の名称を用いて、
　　前項に規定する業務について技術士を補助する者をいう。

（欠格条項）

第3条　次のいずれかに該当する者は、技術士又は技術士補となることが
　　できない。

　　一　心身の故障により技術士又は技術士補の業務を適正に行うことがで
　　　きない者として文部科学省令で定めるもの

　　二　禁錮以上の刑に処せられ、その執行を終わり、又は執行を受けるこ
　　　とがなくなった日から起算して2年を経過しない者

　　三　公務員で、懲戒免職の処分を受け、その処分を受けた日から起算し
　　　て2年を経過しない者

　　四　第57条第1項又は第2項の規定に違反して、罰金の刑に処せられ、
　　　その執行を終わり、又は執行を受けることがなくなった日から起算し
　　　て2年を経過しない者

　　五　第36条第1項第二号又は第2項の規定により登録を取り消され、そ

の取消しの日から起算して2年を経過しない者

六　弁理士法（平成12年法律第49号）第32条第三号の規定により業務の禁止の処分を受けた者、測量法（昭和24年法律第188号）第52条第二号の規定により登録を消除された者、建築士法（昭和25年法律第202号）第10条第1項の規定により免許を取り消された者又は土地家屋調査士法（昭和25年法律第228号）第42条第三号の規定により業務の禁止の処分を受けた者で、これらの処分を受けた日から起算して2年を経過しないもの

（省略）

第3章　技術士等の登録

（登録）

第32条　技術士となる資格を有する者が技術士となるには、技術士登録簿に、氏名、生年月日、事務所の名称及び所在地、合格した第二次試験の技術部門（第31条の二第1項の規定により技術士となる資格を有する者にあっては、同項の規定による認定において文部科学大臣が指定した技術部門）の名称その他文部科学省令で定める事項の登録を受けなければならない。

（省略）

第4章　技術士等の義務

（信用失墜行為の禁止）

第44条　技術士又は技術士補は、技術士若しくは技術士補の信用を傷つけ、又は技術士及び技術士補全体の不名誉となるような行為をしてはならない。

（技術士等の秘密保持義務）

第45条　技術士又は技術士補は、正当の理由がなく、その業務に関して知り得た秘密を漏らし、又は盗用してはならない。技術士又は技術士補でなくなった後においても、同様とする。

（技術士等の公益確保の責務）

第45条の二　技術士又は技術士補は、その業務を行うに当たっては、公共の安全、環境の保全その他の公益を害することのないよう努めなければならない。

（技術士の名称表示の場合の義務）

第46条　技術士は、その業務に関して技術士の名称を表示するときは、その登録を受けた技術部門を明示してするものとし、登録を受けていない技術部門を表示してはならない。

（技術士補の業務の制限等）

第47条　技術士補は、第2条第1項に規定する業務について技術士を補助する場合を除くほか、技術士補の名称を表示して当該業務を行ってはならない。

2　前条の規定は、技術士補がその補助する技術士の業務に関してする技術士補の名称の表示について準用する。

（技術士の資質向上の責務）

第47条の二　技術士は、常に、その業務に関して有する知識及び技能の水準を向上させ、その他その資質の向上を図るよう努めなければならない。

　　（省略）

　第8章　罰　則

第59条　第45条の規定に違反した者は、1年以下の懲役又は50万円以下の罰金に処する。

2　前項の罪は、告訴がなければ公訴を提起することができない。

　　（省略）

なお、第47条の二は、継続研さんについて示した内容であるので、「④継続研さん」で試問されると考えられる。

(3) 倫理事例

　実際の試問で多く使われているのが、最近発生した事例に対する知識と受験者自身の見解に関する試問である。この倫理事例は、毎年取り上げられる内容が変わってくる。実際に試問されている内容を見ると、だいたい過去1年程度で実際に話題となった事例が出題されている。コンクリートの加水問題や技術者資格の偽装、検査データの改ざんなどの問題が話題になると、そういった具体例について意見を求めてくる。また、普段の受験者の技術者倫理に対する心構えという視点での試問も行われている。そういった点で、新聞等の記事に目を通していれば、実際の事例の内容を知ることはできるので、普段から口頭試験を意識して新聞等に目を通しておくと良いであろう。最近では、建築士資格や建設業の主任技術者の関連で、国土交通省の処分が多く出されているとともに、製造業や建設業におけるデータの改ざんや無資格者作業等の問題も多く報道されているように、倫理事例についての記事が増えてきている。そのため、できるだけ新聞等の報道に注意をしておかなければならない。

(4) 技術者倫理の試問例

　技術者倫理の試問の場合には、どれもが答えられるようになっていなければ大きな減点となるので、次に示す試問例については一応何らかの回答ができるようになるまで練習をしておいてもらいたい。

(a) 『技術者倫理』に関する試問例

- ○　現在話題となっている技術者が関係する社会問題について知っていることを述べてください。
- ○　どうして、最近は技術者倫理が注目されているのか説明してください。
- ○　そもそも技術者の倫理はどうして必要ですか。
- ○　業務を遂行する上で、最優先に考慮すべきことは何ですか。
- ○　耐震強度偽装問題についてあなたはどう考えていますか。
- ○　資格証の偽装問題が話題になっていますが、あなたはどう考えますか。
- ○　これまで行ってきた業務の中で、倫理に係ると思われる事例を述べてください。

○　技術士になったとして、技術者倫理にどう対処していくつもりか述べてください。

○　技術士としての使命とは、どういうことか述べてください。

○　業務遂行上で技術者倫理についてどのようなことに気をつけていますか？

○　公共の福祉と発注者の思いが合致していない場合にあなたはどう行動しますか？

○　倫理に関して何か業務で対応したことがあれば具体的に説明してください。

○　技術者倫理を求められた業務について話してください。

○　業務上において倫理面で問題となったことがあったら説明してください。

○　これまでの業務で技術者倫理について考えさせられたのはどのようなことでしたか？

○　客先から、もしも希少種の存在は無視するように依頼をされたらどうしますか？　しつこく懇願されたらそうしますか？　やはり折れるでしょう。

○　技術者倫理を考えさせられた業務を述べてください。

○　業務を行う上で技術者倫理をどのように意識して取り組んでいますか？

○　社会的に影響を与えるような事例を経験したことはありますか？

○　安全に関わる事項に関して顧客から秘密にしてくれと頼まれたらあなたはどうしますか。

○　上司から公益に反する命令指示を受けたらどうしますか。

○　それによって仕事を失うかも知れないときに、環境の保全と顧客の依頼のどちらを優先しますか。

○　公益通報者保護法について知っていますか。

○　職業の違いによって倫理の内容は変わるものでしょうか。

○　部下が技術者倫理に反した行動をとった場合の上司の責任について述べてください。

○ 若手技術者にどういった倫理教育を行っていますか。

○ 最近の技術者倫理違反行為の例を挙げて、あなたの意見を述べてください。

○ 利益と技術者の倫理が相反する場合にあなたはどうしますか。

○ 技術者倫理について何か気をつけていることはありますか。

○ 一般の人に対する技術士の倫理としてあなたは何を挙げますか。

○ 技術士に求められる説明責任は何だと思いますか。

○ 技術者倫理を業務の中でどのように実践していますか。

○ 技術士倫理綱領の項目を言ってください。

(b)『技術士法』に関する試問例

○ 技術士法の目的について述べてください。

○ 技術士制度によって得られるものは何ですか。

○ 技術士の定義について述べてください。

○ 技術士の義務と責務について説明してください。

○ 技術士の責務とはどういったものか説明してください。

○ 技術士の義務は何か説明してください。

○ 技術士法に定められた責務を述べてください。

○ 技術士法の義務と責務から5つを選んで、あなたの考えを述べてください。

○ 業務を行っていく上で5つの義務と責務のうち、あなたはどれを最も優先しますか。

○ 公益確保に関して業務の中で留意していることは何ですか。

○ 公益確保の公益とは何ですか。

○ 技術士資格に関する罰則について述べてください。

○ 技術士法第4章に示されている内容について説明してください。

○ 技術士法第45条の二ではどういったことを定めているか説明してください。

○ 技術士法第45条に違反するとどういった罰則が科せられますか。

○ 技術士法第44条に違反する行為にはどういったものがありますか。

○　秘密保持義務とは誰に対する義務か述べてください。

○　名称表示の義務に違反する行為を具体的に挙げてみてください。

○　技術士の名称表示の義務にはどのような目的があると思いますか。

○　信用失墜行為の禁止について最近の事例で心当たりのあるものはありますか。

○　技術士が行う業務にはどういったものがあるか説明してください。

○　技術者と技術士の根本的な違いは何か説明してください。

○　技術士になったらあなたはどうしようと考えていますか。

○　技術士という資格の必要性をどう考えますか。また会社では、どのように扱っていますか。

○　技術士になった後に何か心掛けたいことはありますか。

○　技術士法はいつできましたか。

○　技術士法には欠格条項がありますが、それは何条に示されていますか。

○　欠格条項の内容を説明してください。

3.2　継続研さん

継続研さんでの評価の基準となる「技術士に求められる資質能力（コンピテンシー）」は図表3.8のように示されている。

図表3.8　「継続研さん」で評価されるコンピテンシー

継続研さん	・業務履行上必要な知見を深め、技術を修得し資質向上を図るように、十分な継続研さん（CPD）を行うこと。

(1) 技術士CPD

技術士がその能力的な面で適格性を維持していくためには、その技術レベルの維持、さらには進歩が必要である。少なくとも、技術の世界は日進月歩であり、継続的に新しい知識を吸収していかなければ、適格性を維持できないといえる。それは、技術士法第47条の二の「技術士の資質向上の責務」にも沿ったものである。そのため、公益社団法人日本技術士会では、技術士CPD（継続研鑽）を行うために、「技術士CPD（継続研鑽）ガイドライン」第3版（平成29年4月）を発行している。その中では、毎年の目標教育量を示しており、

3年間で150 CPD時間（実際に費やした時間に「時間重み係数」を乗じた時間）、年平均50 CPD時間を目標にすることが推奨されている。また、このガイドラインによると、技術士（技術者）が継続研鑽を行う目的として、次の4項目が示されている。

① 技術者倫理の徹底

　　現代の高度技術社会においては、技術者の職業倫理は重要な要素である。技術士は倫理に照らして行動し、その関与する技術の利用が公益を害することのないように努めなければならない。

② 科学技術の進歩への関与

　　技術士は、絶え間なく進歩する科学技術に常に関心を持ち、新しい技術の習得、応用を通じ、社会経済の発展、安全・福祉の向上に貢献できるよう、その能力の維持向上に努めなければならない。

③ 社会環境変化への対応

　　技術士は、社会の環境変化、国際的な動向、並びにそれらによる技術者に対する要請の変化に目を配り、柔軟に対応できるようにしなければならない。

④ 技術者としての判断力の向上

　　技術士は、経験の蓄積に応じ視野を広げ、業務の遂行にあたり的確な判断ができるよう判断力、マネジメント力、コミュニケーション力の向上に努めなければならない。

継続研鑽としての具体的な課題も示されており、それは、A一般共通課題とB技術課題に分かれている。図表3.9は、「技術士CPD（継続研鑽）ガイドライン」第3版の表－1に示されている内容をここで抜粋して紹介したものである。ここで、特に注目される点は、技術者に専門知識だけではなく、倫理や環境、安全に加えてマネジメント手法までもが継続研鑽を行うべき内容として示されているところである。

図表 3.9　CPD の課題区分と項目

課題区分	課題項目	内　容
A 一般共通課題	1. 倫理	倫理規程、職業倫理、技術倫理、技術者倫理 （技術の人類社会に与える長期的・短期的影響の評価を含む技術士に課せられた公益性確保の責務等）
	2. 環境	地球環境、環境アセスメント、地域環境、自然破壊等の環境課題の解決方法等
	3. 安全	安全基準、防災基準、危機管理、化学物質の毒性、製造物責任法（PL 法）等
	4. 技術動向	新技術、情報技術、品質保証、規格・仕様・基準（ISO、IEC）等
	5. 社会・産業経済動向	国内・海外動向（国際貿易動向、GATT / WTO、ODA など）、商務協定並びに技術に対するニーズ動向、内外の産業経済動向、労働市場動向等
	8. マネジメント手法	工程管理、コスト管理、資源管理、維持管理、品質管理、プロジェクト管理、MOT、リスク管理、知財管理、セキュリティ管理等
	9. 契約	役務契約、国際的な契約形態等
	10. 国際交流	英語によるプレゼンテーション・コミュニケーション、海外（学会・専門誌）への論文・技術文書の発表・掲載、国際社会の理解、各国の文化及び歴史等
	11. その他	教養（科学技術史など）、一般社会との関わり等、及び上記 1～5、8～10 に含まれないもの
B 技術課題	1. 専門分野の最新技術	専門とする技術、その周辺技術等の最新の技術動向
	2. 科学技術動向	専門分野、科学技術政策、海外の科学技術動向等
	3. 関係法令	業務に関連ある法令（特に改定時点）
	4. 事故事例	同様な事故を再び繰り返さないための事例研究（ケーススタディ）及び事故解析等
	5. その他	上記 1～4 に含まれない技術関連事項等

注）A 一般共通課題の 6 及び 7 の欠番について
　　「6. 産業経済動向」は「5. 社会・産業経済動向」に、「7. 企画・基準の動向」は「4. 技術動向」に統合されたため欠番となっている。

公益社団法人日本技術士会発行：技術士 CPD（継続研鑽）ガイドライン第 3 版表－1

(2) 継続研さんの試問例

　継続研さんの試問の中には、高等な専門的応用能力を持っているとされる技術士が、顧客をはじめとして技術能力を発揮すべき第三者に対して、適切な説明能力や表現力を持っているかどうかを試すものも含まれると考える。さらに、継続研さんによって、一般的な社会知識を得ていて、相手の質問に対する理解力があるかどうかについても試されると考えられる。中には、技術以外の語学力に関することや国際的な視点を持っているかどうかについての試問もなされる可能性は否定できない。なお、技術士に求められる継続研さんの項目は範囲規定がないといっても過言ではないので、次に示す例以外に思わぬ質問が出されることもある。それは、その質問に対する受験者の反応をみるためのものであり、あいまいな質問や突拍子もない質問に対して、どういった対応が取れるかを試す可能性もある。

(a) 『継続研さん』に関する試問例

　○　技術士の継続研さんについて知っていますか。

　○　これまでのIPDについて、どのようなことを行ってきましたか。

　○　CPDというものがありますが、そこで求められている内容を述べてください。

　○　CPDについて知っていることを述べてください。

　○　CPDについていろいろな定義がありますが、その定義について述べてください。

　○　CPDとして求められている時間数について知っていますか。

　○　ここ1年間のあなたのCPD単位はどの程度ですか。

　○　資質向上のためにCPDがありますが、あなたはこれから何をしようと思っていますか。

　○　最近のあなたのCPD登録事例を述べてください。

　○　CPDへ加点するためのあなたの取組について教えてください。

　○　自己研さんとしてどのようなことをしていますか？　最近の事例を説明してください。また、どのようなことに気をつけていますか？

　○　継続研さんについて、今後どういったことをしていきたいと考えてい

ますか。

○　CPDの対象にはどのような分野がありますか？

○　技術士を取ったらこれまでやってきたことの他にどのように継続研さんをしていくつもりですか？

○　技術士になったらどのように継続研さんをするつもりですか？

○　技術士に必要な継続研さんは実施していますか？

○　昨今の先端技術の導入または技術の習得はしていますか？

○　業務を遂行する上で、継続的な技術研さんはどのようにしていますか？

○　あなたはこれまでどのように資質向上を図ってきましたか？

○　資質向上として具体的にどのようなことをしていますか？

○　今後、どのようなことをして資質の向上を図りたいですか？

○　技術士を取得した後はどのように資質向上を図っていく予定ですか？

○　最近はどんな講習会に参加しましたか。

○　今後、あなたは継続研さんについてどうしていくつもりか述べてください。

○　具体的に継続研さんにどう取り組もうと考えていますか。

○　継続研さんについて、今、取り組んでいることはありますか。

○　技術士になった後にはどういった分野の勉強をしていこうと考えていますか。

○　具体的に技術士として新しい技術についての情報をどうやって吸収していくつもりか説明してください。

(b)『技術士としての姿勢』に関する試問例

○　技術士試験を受験した動機は何ですか。

○　あなたの会社で技術士はどう評価されていますか。

○　あなたの会社で技術士になるとどういったメリットがありますか。

○　会社として技術士取得を奨励しているのですか。

○　現在勤務している会社で、技術士を生かしていけるところはどこですか。

○ 技術士という資格は社内でどのように活用されているのですか。

○ 結構年齢が高いですが、どうしてこれまで技術士試験を受験しなかったのですか。

○ あなたはまだ若いですが、技術士となって今後はどういったことをしていくつもりですか。

○ あなたは公務員ですが、どのような業務で技術士の力を発揮できると思いますか。

○ あなたが所属する組織のような地方自治体にとって技術士は必要だと思いますか。

○ 技術士になることにより金銭的なメリットはあるのですか。

○ 海外の技術者資格について知っていることを述べてください。

○ プロフェッショナルとはどういうものか説明してください。

○ 海外の技術者資格にはどういうものがあるか述べてください。

○ 技術士資格は今後どうあるべきと考えますか。

○ APECエンジニアというのを知っていますか。

○ APECエンジニア制度についてどう考えますか。

○ JABEEとはどういうものか説明してみてください。

○ 技術士資格をとったら、資格を使って何かしていこうという計画はありますか。

○ どのような技術士になりたいのかビジョンはありますか。

○ 合格後の抱負について簡単に述べてください。

○ 技術士として、今後社会にどういった貢献をしていくつもりですか。

○ 現在企業に勤務しているようですが、技術士になったら独立する考えはありますか。

○ コンサルタントの経験はありますか。

○ コンサルタントに必要な能力についてはどんなものがあると思いますか。

○ 外国語は得意ですか。

○ これまで論文発表はありますか。

○ 特許などの実績はありますか。

○　合格後は日本技術士会に入会する予定ですか。

(c)『技術継承』に関する試問例

○　現在、若手の指導についてどういった方法をとっているか説明して
ください。

○　最近の若い技術者について、どういった印象を持っていますか。

○　今後、若い技術者にどういった姿勢で接していこうと考えていますか。

○　若手技術者に伝承していくべきものにはどういったものがあるか、
あなたが考えているものを挙げてください。

○　社内では若い人を指導する立場だと思いますが、どのようなことに
気をつけていますか？

○　社内で、継続研さんについてどんな取り組みをしていますか？　また、
若手へはどういった内容を求めていますか？

○　部下や周囲に対しての指導は具体的にどのようにしていますか？

○　あなたは部下の指導をどのように考えて、実践していますか？

○　部下に外国人はいませんか。いる場合にはどう接していますか。

4. 口頭模擬試験リスト

　これまでに示した試験の項目とその試問例に基づいて、自分で試問されると想定する内容を考えて、その試問に対する回答例を作成してみることは、非常に有効な受験準備となる。それは、ただ漠然と試問例だけを見ているだけで、当日の試験会場で的確に自分の言いたいことを答えられるという人は少ないからである。事前に多面的な視点で試問に対する回答を自分で検証しておくと、試験委員に評価してもらえる回答ができるようになっていく。また、こういった準備をしていると、必ず練習した内容に似た試問がいくつか試験委員から出てくるものである。そういった際に、これは練習した試問だという安堵感が、精神的に大きな効果をもたらすのは間違いない。その逆に、練習をしないままに口頭試験に臨み、試問された内容に対して試験委員が首をかしげたり、試問していない試験委員がけげんな顔をして試問した試験委員の顔を覗き込んだりするような場面を見てしまうと、受験者は一気に不安になり、平常心を失ってしまうものである。そういった事態を回避するためや、いくつか精神的に一休みできる場面をつくるためにも、自分で模擬試験リストを作成する価値は高いと考える。口頭模擬試験リストの形式と作成のための参考試問例を図表3. 10に示すので、それを参考にして自分なりのリストを作成してもらいたい。ただし、ここで気をつけなければならないのは、常に簡潔な回答をするよう心がけるという点である。また、回答には唯一の正解というものはないため、1つの試問に対して複数の回答が考えられる場合が多くあるという点も忘れないようにしなければならない。そういったものについては、複数の回答例を記載していく中で、もしこのような試問がなされたらこれを回答しようという、選択の過程も含めて勉強を深めていってもらいたい。実際の口頭試験においては、試験委員から、「なるほど、そういった考え方もありますね。でも、○○という視点ではその回答には疑問がありますね。」などといった追加の質問がなされる場合もある。そういった際に、複数の回答例を検討しておくと、「ご指摘の点に

図表3.10　口頭模擬試験リスト（例）

試　問	回　答
I　技術士としての実務能力	
（例）『業務内容の詳細』について、高等な専門的応用能力を発揮したという視点で内容を説明してください。	（例）【「6.　口頭試験事例」の「(1) 事例1（建設部門）」の回答を参照（169ページ）】
（例）『業務内容の詳細』に示した業務で最も苦労した点は何でしたか。	（例）【「6.　口頭試験事例」の「(3) 事例3（電気電子部門）」の回答を参照（174ページ）】
（例）『業務内容の詳細』について、総合技術監理部門の技術士の視点でポイントを説明してください。	（例）【「6.　口頭試験事例」の「(4) 事例4（総合技術監理部門）」の回答を参照（176ページ）】
（例）それでは、あなたの業務経歴について簡単に説明してください。	（例）【「6.　口頭試験事例」の「(3) 事例3（電気電子部門）」の回答を参照（174ページ）】
（例）これまで業務を行っている中で、人とのコミュニケーション、意思疎通をどのようにとってきたか、具体的な事例を挙げて、説明してください。	（例）【「6.　口頭試験事例」の「(2) 事例2（建設部門）」の回答を参照（172ページ）】
③　技術者倫理	
（例）技術士法に定められた技術士の責務について説明してください。	（例）責務には2つあり、第45条の二で「技術士等の公益確保の責務」が、第47条の二で「技術士の資質向上の責務」が定められています。
（例）技術士の定義を知っていますか。	（例）技術士法第2条に定められている定義では、技術士とは登録を受け、技術士の名称を用いて、科学技術に関する高等の専門的応用能力を必要とする事項についての計画、研究、設計、分析、試験、評価またはこれらに関する指導の業務を行う者をいいます。
④　継続研さん	
（例）CPDとして求められている時間数について知っていますか。	（例）3年間で150時間、年平均50時間を目標にすることが望まれています。

つきましては、私も○○という視点では△△であると考えました。しかし、□□の点を考慮すると、総合的には先に説明した▲▲がより適切と考えました。」というような回答ができるようになる。もしもこういった回答ができれば、その試問事項は十分に高い評価を得られ、次の試問事項に移っていくであろう。

なお、ここでまとめた口頭模擬試験リストの内容を何度も繰り返して確認しておく勉強は大切であるが、その言葉を暗記しようとするのは避けるようにしていただきたい。暗記した内容をそのまま話すのと、その場で考えて話すのとでは試験委員に与える印象が大きく違ってくるばかりではなく、暗記した内容を話そうとしてしまうと、急に思い出せなくなったときの対応が困難になってしまうからである。この口頭模擬試験リストでは、答えるべき事項を整理するのを主な目的として、試験本番では改めて自分の言葉に置き換えて話すようにすることが大切である。

5. 不適切と考えられる回答例と 適切と考えられる回答例

　これまでに試問事項別に試問例を紹介してきたが、それらを見て口頭試験で試問される方法が多彩である点は理解できたと思う。多くの試問例については だいたいの回答案を考えつくと思うが、中にはどういった回答をすべきなのか 悩む試問例もあると思う。そういったものも含めて、不適切と考えられる回答 例と適切と考えられる回答例を対比して示す。不適切と考えられる回答例を①に、適切と考えられる回答例を②に示すので、それらを対比してその違いを認識してもらいたい。

（1）質問内容の理解不足例

① 勝手に判断した回答例（不適切な回答例）

試　問	回　答
あなたが解答した問題○番では、ライフサイクルという視点での記述がありませんが、その点で補足してください。	ライフサイクルコストとは、製品のイニシャルコストだけではなく、ランニングコスト、廃棄費用までを含めた費用を考える考え方ですので、この問題の場合には当てはまらないと考えます。
ライフサイクル CO_2 とかライフサイクルアセスメントというような言葉は聞いたことはありませんか。	そういった質問でしたか。ライフサイクル CO_2 の面では、この業務は、…。
もう結構です。次の質問に移ります。	

② 確認のための質問を返した回答例（適切な回答例）

試　問	回　答
あなたが解答した問題○番では、ライフサイクルという視点での記述がありませんが、その点で補足してください。	ご質問の点は、ライフサイクルコストに関する質問と考えてよろしいですか。
ライフサイクルとはいっても、ライフサイクルコストはこの内容にそぐわないので、その他の点で説明してください。	わかりました。この業務の場合には、環境に大きな影響を及ぼす場合がありますので、$LCCO_2$、いわゆるライフサイクルにおける二酸化炭素排出量の評価の点で検討する必要があります。また、ライフサイクルアセスメントという手法で、環境評価を行う場合には、……（中略）……という視点で検討ができると考えます。
よくわかりました。では、次の質問に移ります。	

(2) 回答がわからない試問例

① 黙ってしまった回答例（不適切な回答例）

試　　問	回　　答
『業務内容の詳細』で取り上げた業務では、地すべり等防止法が関連してくると思いますが、地すべり等防止法の目的は何ですか。	……。
どうしました。わからないのですか。	……。
それでは次の質問をします。	

② 降参した回答例（適切な回答例）

試　　問	回　　答
『業務内容の詳細』で取り上げた業務では、地すべり等防止法が関連してくると思いますが、地すべり等防止法の目的は何ですか。	……。すみません。よく覚えていません。
地すべりおよびぼた山の崩壊による被害を除却し、または軽減するため、地すべりおよびぼた山の崩壊を防止し、もって国土の保全と民生の安全に資することです。覚えておいてくださいね。	勉強になりました。ありがとうございます。
それでは次の質問をします。	

（3）結論があいまいな回答例

① 結論を示さない回答例（不適切な回答例）

試　問	回　答
倫理に関してお聞きしますが、倫理は職業によって変わるものでしょうか。	倫理とは実際道徳の規範となる原理であり、集団社会においては不可欠なものです。ですから、職業人もそれに従った行動をすることが求められます。道徳とは、人のふみ行う道であり、善悪を判断するための基準でもあります。
それは変わらないという答えと理解してよいですか。	……。

② 結論を先に示す回答例（適切な回答例）

試　問	回　答
倫理に関してお聞きしますが、倫理は職業によって変わるものでしょうか。	私は変わると思います。 もちろん共通した部分はありますが、専門の内容によって特化した部分がありますので、適用範囲やおよぼす影響の範囲によって変わると私は考えます。
なるほど、変わるというご意見ですね。	はい。

(4) 議論となる可能性のある試問例

① 真っ向から議論した回答例（不適切な回答例）

試　　問	回　　答
あなたが解答した問題○番では、エネルギー問題に対する解決策が示されていますが、今後の原子力エネルギー利用についての考え方を述べてください。	原子力発電については、東日本大震災で発電所での事故があったとおり、安全性に問題があるために、今後はすべて廃炉にすべきと考えます。
しかし、地球温暖化の問題からは温暖化ガスを排出しない原子力発電は欠かせないのではないですか。	基本的に、地球温暖化の前に原子力のリスクを重要視すべきであって、安全性が100％保証できる技術が存在しなければ、技術者はそれを認めてはいけないと思います。まして、地震が多発する日本においてはなおさらです。
では、原子力に代わるものをどう考えますか。	それはこれから検討していく課題と考えます。
それでは、将来の削減目標達成に間に合わなくなりませんか。	それと原子力利用は別のものです。

② 試験委員と会話を成立させた回答例（適切な回答例）

試　　問	回　　答
あなたが解答した問題○番では、エネルギー問題に対する解決策が示されていますが、今後の原子力エネルギー利用についての考え方を述べてください。	原子力発電については、東日本大震災で発電所での事故があったとおり、安全性に問題があるために、今後はすべて廃炉にすべきと考えます。
しかし、地球温暖化の問題からは温暖化ガスを排出しない原子力発電は欠かせないのではないですか	それは大きな課題だと思います。それに対して、原子力の安全性が確保できるまでは、新エネルギーの利用を促進するなどの対応をして、地球温暖化対策としていく必要があると考えます。
新エネルギーは経済性の面で原子力とは比べものにならないほど課題がありますね。	そうですね。それについては制度的な施策で解決する方法もありますので、多面的に検討する必要があると思います。エネルギーと環境は技術者にとって喫緊の課題ですので、今後自分なりに検討を加えていきたい事項と認識しております。
技術士の役割として重要な事項と認識されているのですね。	はい。そう認識しています。
それでは、次の質問に移ります。	

(5) 質問の意図を理解しなければならない試問例

① 質問の意図を理解できていない回答例（不適切な回答例）

試　問	回　答
あなたが解答した問題○番で、記載している情報リテラシーについてわかりやすく説明してください。	リテラシーとは読み書きの能力という意味で、情報機器を使える能力を意味しています。
では、なぜ最近この言葉が注目されているのですか。	人によって能力に差ができてきているからです。
そうですか。では次の質問をします。	

② 質問の意図を理解した回答例（適切な回答例）

試　問	回　答
あなたが解答した問題○番で、記載している情報リテラシーについてわかりやすく説明してください。	情報化の進展に伴って必要となってきた情報機器の操作能力やネットワークで提供されるサービスを活用できる基礎的な能力をいいます。
では、なぜ最近この言葉が注目されているのですか。	高度な能力を求められるようになった場合には、一部の人々が情報化の利益を十分に享受できなくなり、社会的または経済的に不利な立場に置かれることになるからです。
それに対して、あなたの意見を述べてください。	デジタルデバイド、いわゆる情報格差がないようにするために、われわれ技術者がユーザーの状況を見据えて、積極的に対応しなければならないと考えています。
あなたの業務において、この考え方はどういった位置づけにありますか。	はい。超高齢社会となった現在では、この点を強く認識して業務を考える必要があると考えています。
よくわかりました。	

(6) 自分が得意とする内容の試問に対する回答例

① 聞かれてもいないことまで話し続けた回答例（不適切な回答例）

試　問	回　答
これまで道路の業務経験が多いようですが、アスファルト舗装構造を、多層弾性理論で設計しようとする場合に用いる表層材料の弾性係数はどの程度の値を用いますか。	はい、アスファルトはセメントコンクリート舗装などとは異なり、温度によって物理性状が変化するために、混合物にした場合の弾性係数も温度によって大きく異なります。通常、これをレオロジカルな性質といってプラスチックやゴムなども同様の性状を持っています。アスファルト混合物は、このような粘弾性的な性質を持っていますが、このような性質がメリットでもあり、デメリットにもなります。すなわち、アスファルトは熱が加わると軟らかくなるという性質によって骨材とアスファルトを混合できるようになり、施工が可能になります。そして路面の熱が冷めると同時に交通解放して供用することができるようになります。また、アスファルト混合物のリサイクルも加熱することによって可能になります。一方、デメリットとしては夏季の重交通道路において流動変形によるわだち掘れを生ずることになり、……
話の途中ですが○○さん、私が聞いているのはアスファルト表層の弾性係数の値なのですよ。	あっ……。 すみません。

② 試問事項に対して簡潔に答えた回答例（適切な回答例）

試　問	回　答
これまで道路の業務経験が多いようですが、アスファルト舗装構造を、多層弾性理論で設計しようとする場合に用いる表層材料の弾性係数はどの程度の値を用いますか。	はい、アスファルト表層材料の弾性係数は温度によって大きく異なりますが、概ね 2,000〜12,000 MPa 程度の値です。
12,000 MPa の値はどのようなときに使うのですか。	アスファルト混合物の温度が 10°C を下回る条件を想定する場合には、このような値を設計に用います。
そうですね。	

（7）受験申込書に記入している「専門とする事項」に関わる回答例

① 受験申込書に記入している「専門とする事項」を認識していない回答例（不適切な回答例）

試　　問	回　　答
今までの話から、都市内の交通計画に詳しいようですが他にも交通計画に関する業務の経験はあるのですか。	はい、平成〇〇年からおよそ××年間は、交通計画に係る業務も多数行っています。
なるほど、それで交通計画の専門的なことに精通している理由がよくわかりました。特に交通計画を行っていく上で心がけていることはありますか。	はい。交通量は、主にセンサス等の資料からその量や大型車混入率、昼夜率などを基本データとして得ていますが、単にその数値だけで判断できるものではありません。そのときの経済状況や……（中略）。このように……画一的に交通量を捉えた計画をしないことが大切だと思っています。
よくわかりました。今までのことから、〇〇さんの専門とする事項は「交通計画」ということなのですね。	はい、そうです。

※　この回答例のように受験申込書に記入している「専門とする事項」（この場合、「国土計画」）と違う事項を、口頭試験において自分の専門とする事項と言った場合には、それだけで不合格になる場合があるので注意が必要である。

② 受験申込書に記入している「専門とする事項」を認識した回答例（適切な回答例）

試　　問	回　　答
今までの話から、都市内の交通計画に詳しいようですが他にも交通計画に関する業務の経験はあるのですか。	はい、平成〇〇年からおよそ××年間は、交通計画に係る業務も多数行っています。
なるほど、それで交通計画の専門的なことに精通している理由がよくわかりました。特に交通計画を行っていく上で心がけていることはありますか。	はい。交通量は、主にセンサス等の資料からその量や大型車混入率、昼夜率などを基本データとして得ていますが、単にその数値だけで判断できるものではありません。そのときの経済状況や……（中略）。このように……画一的に交通量を捉えた計画をしないことが大切だと思っています。
よくわかりました。今までのことから、〇〇さんの専門とする事項は「交通計画」ということなのですね。	いいえ。「交通計画」については、先ほど申し上げたように以前は多くの業務を経験しましたが、特にここ数年間は「国土計画」の業務を主に行っており、現時点においては受験申込書に記入している「国土計画」が私の専門とする事項です。
そういうことですか。	はい。

(8) 総合技術監理の視点に関する試問例

①　総合技術監理の視点を意識しない回答例（不適切な回答例）

試　問	回　答
あなたの業務経験について総合技術監理の視点で説明してください。	私は入社以来海外向けの化学プラントの設計と現場管理を行ってきましたが、化学プラントで用いられる機器は、その設計温度や圧力が非常に高いという特徴を持っています。そういった設計条件で安全性を検討しそのレベルを高めていく技術が重要となります。私は、そういった点で化学機械の設計において専門技術者として成果を上げてきました。また、機器のトラブルはプラントの生産性に大きな影響を与えるために、冗長化などの信頼性の面での工夫もこれまで多く実施しており、そういった面で実績を上げています。
機械部門の技術者として大きな成果をこれまで上げてきているのですね。	はい。そういった自負を持っております。
それでは次の質問をします。	

※　この回答例のように、受験申込書に記入している「専門とする事項」（この場合、「機械―流体機器」）を技術部門（この場合「機械部門」）と錯誤して回答してしまうと、不合格になる場合があるので注意が必要である。

②　総合技術監理の視点を意識した回答例（適切な回答例）

試　問	回　答
あなたの業務経験について総合技術監理の視点で説明してください。	私は入社以来海外向けの化学プラントの設計と現場管理を行ってきましたが、その中では人的資源管理と情報管理の点で特に毎回工夫をしてきたと考えています。論文に示した業務以外においても、○年の△△プラントでは通信設備が未成熟な国での業務でしたので、特に難しい情報管理を求められました。
そのときはどうしたのですか。	衛星電話を契約して対応しましたが、通信量が限定されましたので、日本との通信には時間的な計画を先に作り、特別な問題がない限りは、その計画に従って変更管理がタイムリーに伝達されるようにしました。それでも、気象状況によって通信が途絶するような場合がありますので、確認のための手順を作成するなどの工夫も加えました。
総合技術監理の視点でこれまで業務を遂行されてきたわけですね。それでは次の質問をします。	

6. 口頭試験事例

　前項では部分的な回答例について紹介したが、全体の口頭試験の流れに沿った形で試問事例を考えることも重要であるので、ここでは、口頭試験の流れを意識した試問事例をいくつか示す。

(1) 事例1（建設部門）

試　問	回　答
A試験委員：『業務内容の詳細』について、高等な専門的応用能力を発揮したという視点で内容を説明してください。	はい。ここで取り上げた業務は、平成○○年に行った高規格幹線道路の予備設計業務において××という技術的問題が生じたため、△△をここに応用することによって問題解決を図ったというものです。 この解決策のポイントは……（中略）……。 私が解決策とした××を適用するという考えは、今年の△△指針にも反映されるようになり、現時点においても妥当な方法だったと思いますが、さらに□□の工夫を加えることにより道路分野に限らず○○分野にも適用範囲が広がるのではないかと考えています。
A試験委員：いまお話いただいた『業務内容の詳細』についてお聞きします。 問題解決策として××を適用したということですが、これは○○さんご自身が考えたことなのですか。	はい。この考え方は一部ではありますが、△△分野において適用している事例がありました。私はこれを5年ほど前に、土木学会論文集にて□□さんから発表されていることを知っていました。そのため当時、□□さんに問い合わせて効果や他の適用事例について確認したのですが、△△分野では××の制約が多くあまり使われなかったようです。ところが道路分野の場合には××の制約がなく、しかも△△分野よりも経済的に適用できるのではないかと考えました。このような経緯で道路分野への適用は私が最初だったといえます。
A試験委員：この成果はどこかに発表したのですか。	はい。一昨年の春に土木学会に発表するとともに、秋にはその後の追跡調査結果も含めて日本道路会議で発表しています。

試　問	回　答
A 試験委員：なるほど、それを受けて△△指針の改訂時にこれが取り入れられるようになったのですね。	はい。そのように伺っております。
A 試験委員：あなたが解答した問題○番の解決策で、記載した以外で検討した代替案を説明してください。	はい。この問題に関して検討した際に、私は 3 つの案を検討しましたが、今回記述した以外に……（中略）……があり、その中でも A 案は次善の策として有効であると考えます。
A 試験委員：よくわかりました。	
（中略）	
B 試験委員：それでは、受験の動機を聞かせてください。	はい。私は現在、建設コンサルタント会社に勤務しておりますが、管理技術者あるいは照査技術者などの業務の責任者になるには技術士資格が必要な要件になっています。また、プロポーザル方式や総合評価方式による発注が増えてきており、業務を受注するにあたっても技術士資格が必要です。さらに、入社以来、先輩技術士から指導を受けてきましたが、技術士の方は技術面ばかりではなく人として尊敬できる方が多く、自分もそのような技術者になりたいと入社直後から思っておりました。これが受験の動機です。
B 試験委員：受験回数は何回目ですか。	はい。今回が初めてです。
B 試験委員：合格後の抱負について聞かせてください。	合格後には、業務の責任者として多くのプロジェクトに係ることで自らの技術力を高めていくとともに、今まで自分が先輩から受けてきたように、後輩の指導にもあたっていきたいと考えています。
B 試験委員：合格後に独立するというようなことは考えていないのですか。	現時点においては、独立することは特に考えておりません。
B 試験委員：わかりました。	
（中略）	

試　問	回　答
Ａ試験委員：近年、技術者の倫理がより求められるようになっていますが、その背景としてどのような点があると考えますか。	現代社会において科学技術は、あらゆる生活に結びついたものとなっており、そのため一人ひとりの技術者が携わる技術業務が社会全体に与える影響が大きくなっています。このような中では、社会規範や組織倫理から定まる行動規範を自らの良心に基づいて遵守するという高い倫理観が必要であり、社会からもこれが求められるようになったというのが、技術者の倫理がより求められるようになった背景と考えられます。
Ａ試験委員：結構です。では、技術士等の義務と責務について述べてください。	技術士等の義務としては「信用失墜行為の禁止」、「秘密保持義務」、「名称表示の場合の義務」の３つがあり、責務には「技術士等の公益確保の責務」と「技術士の資質向上の責務」の２つがあります。
Ａ試験委員：結構です。今、５つの義務・責務を挙げてもらいましたが、そのうちあなたが業務を行う上で最も重要と考えているのはどれですか。	いずれについても遵守すべき事項であり、優劣をつけることは難しいのですが、「技術士倫理綱領」の考え方や、行っている仕事が公共事業であることを考慮すると、「公益確保の責務」を優先すべきだと考えています。
Ａ試験委員：最近のデータ改ざんや偽装についてどのように思いますか。	まず、データの改ざんや偽装というのは倫理を超えた犯罪行為であり、決して行ってはいけないことだと思います。さらに、食品偽装問題なども現実に起こっていることですが、このような偽装は一部の経営者の罪になるというだけではなく、企業の信用を失うことによって企業の存続にも直接係ってくるものです。このような面からも１人ひとりがコンプライアンスに対する認識を十分に持つことが大切だと思います。
Ａ試験委員：そろそろ時間ですが、他に何か質問はありますか。（Ｂ試験委員を見る。）ないようですので、これで口頭試験を終わります。	（立ち上がって）ありがとうございました。どうぞよろしくお願いします。（ドアの前で）失礼します。

（2）事例2（建設部門）

試　問	回　答
A試験委員：これまで業務を行っている中で、人とのコミュニケーション、意思疎通をどのようにとってきたか、具体的な事例を挙げて、説明してください。	建設プロジェクトにおいては、ステークホルダーも非常に多いので、できるだけ早期に関係者と考えられる人たちを集めたキックオフを実施するようにしております。また、書面でのコミュニケーションでするべきことと、対面での意思疎通を図る手法を適切に使って、コミュニケーションにおける感情的な障壁ができないように配慮しています。また、追加や変更が多いのもこの業務の特徴ですので、変更管理の手順なども事前に定めるように心がけています。
A試験委員：なるほど、コミュニケーションを重要視した業務遂行をしているのですね。では、これまでの業務経歴の中で最もリーダーシップを発揮できた事例を具体的に紹介してもらえますか。	はい。業務の途中において、業務開始時には想定していなかった現場の状況が発生したため、現場で直接調査を行うとともに、専門外の事項も含まれていたため、大学の専門家を招聘すべく経営者に説明を行い、予算を確保しました。その教訓を生かすために、社内の同僚を含めて、現場で専門家の見解を聞くとともに、同僚の過去の経験を踏まえて、チームリーダーとして対応策を検討しました。その対応が迅速に行えたため、工期に影響することなく、対策が実施できました。
A試験委員：業務内容の詳細で示した業務についての現時点での評価と改善点を述べてください。	はい。この業務で使われていた遠隔作業技術は、当時では最先端と考えていますが、現在AI技術の進歩とともに進化していますので、さらに安全性の高い手法が構築できると考えており、近い将来の業務で改善策を実施できればと検討をしているところです。
A試験委員：過去の失敗例を挙げ、それをどう生かしているか話してください。	はい。リスクの想定が甘く、現場で購買品の変更や、やり直し工事が発生した事例があります。そういった経験を生かして、リスクマネジメントを重視した計画を行い、生産性を高めるよう心がけています。
A試験委員：限られた資源をどのようにマネジメントしているのか話してください。	はい。技術を持った人や設備が限られているため、特殊な技術を持った人や高度な設備の状況を調査して、そういった人や設備が使用可能な時期を考慮した工程管理を行うよう常に気を配っています。
A試験委員：よくわかりました。	
（中略）	

試　問	回　答
Ａ試験委員：技術者倫理が問題になるような業務経験はありますか？	自分の業務ではないのですが、検査書類の改ざんの疑いが社内で問題となったことがあったので、重要箇所の検査については自分の目で確認するとともに、メンバーが定期的に倫理教育を受けられるよう配慮しています。
Ａ試験委員：技術士になったら、どういったことをしたいですか。	日本技術士会に入会して、その中の会合で多くの人たちと交流して知見を広げるとともに、委員会活動なども積極的に参加して、経験を深めていきたいと考えています。
Ａ試験委員：技術士法第４章の義務・責務について説明してください。	技術士等の義務としては「信用失墜行為の禁止」、「秘密保持義務」、「名称表示の場合の義務」の３つがあり、責務には「技術士等の公益確保の責務」と「技術士の資質向上の責務」の２つがあります。
Ａ試験委員：社内では若い人を指導する立場だと思いますが、どのようなことに気をつけていますか？	若い人たちには、常に現場を見て、見えている現状と隠れている何かを想像できるような知見を持つことを奨励しています。人からの情報だけで重要な判断をすることがいかに危険かを知ってもらい、常に行動する技術者になるよう指導しています。
Ａ試験委員：そろそろ時間ですが、他に何か質問はありますか。（Ｂ試験委員を見る。）ないようですので、これで口頭試験を終わります。	（立ち上がって）ありがとうございました。どうぞよろしくお願いします。（ドアの前で）失礼します。

(3) 事例3（電気電子部門）

試　問	回　答
A試験委員：『業務内容の詳細』に示した業務で最も苦労した点は何でしたか。	各階に設置する変圧器盤は施工時だけでなく、将来の更新を考えると、施設エレベータで搬送できるものでなければならないので、……（中略）……。そういった点で、この部分の詳細設計においては、大変苦労をしました。
A試験委員：いまお聞きした業務では、経済性について示されていますが、それが初期投資分しか示されていません。最近では環境問題が注目されているのをご存知だと思いますが、ランニングや廃棄時での費用についてはどう考えたのですか。	説明が不足していたようです。ランニングコストにつきましては、現状では数字までを示すところまではデータが完備していません。しかし、事前の想定では、10％程度の削減はできると考えております。また、廃棄時の費用に関しましては、これまでの設備と同様と考えておりますが、構成機器や部品の交換が容易にできるように設計されていますので、結果的に、設備全体の寿命を長くできることから、大幅に軽減できると考えております。
（中略）	
A試験委員：それでは、あなたの業務経歴について簡単に説明してください。	はい。私は入社以来、施設電気設備の分野で仕事をしてきましたが、どちらかというと高いセキュリティを求められる施設の業務経験が長いと感じています。そのため、『業務内容の詳細』でも示した電源設備に関する技術以外にも、セキュリティ技術を必要とする施設の経験が多くあります。また、構内通信設備の設計も多く手がけております。
A試験委員：それではデータセンターの設計のポイントについて述べられますか。	はい。データセンターでは、電源設備の信頼性設計も重要ですが、通信事業者からの引き込みの多重化なども考慮する必要があります。また、セキュリティレベルの設定も設計当初に行う必要があります。そのため、求められる信頼性レベルやセキュリティレベルの設定のために、顧客とのコンセンサスの取り方が重要となります。また、それを実現するためには、建築での対応も必要となりますので、建築や空調設備などの技術者との連携や情報交換も非常に重要となります。
A試験委員：あなたが解答した問題○番で法的な規制について説明してください。	はい。この問題のテーマでは、建築基準法と消防法が関連します。その中でも特に注意しなければならないのが、（中略）……です。
（中略）	

試　問	回　答
B 試験委員：それでは、私の方から技術士法について質問させていただきます。技術士法の目的について述べてください。	技術士法の目的は、技術士等の資格を定め、その業務の適正を図り、もって科学技術の向上と国民経済の発展に資することです。
B 試験委員：そうですね。技術士には欠格条項がありますが、それは何条に示されていますか。	第 3 条に示されており、心身の故障により技術士又は技術士補の業務を適正に行うことができない者、禁錮刑以上の刑に処せられて、執行を終わり、または執行を受けることがなくなった日から起算して 2 年を経過しない者などは技術士や技術士補になることができません。
B 試験委員：結構です。では、技術士等の責務について述べてください。	責務には 2 つあり、第 45 条の二で「技術士等の公益確保の責務」が、第 47 条の二で「技術士の資質向上の責務」が定められています。
(中略)	
A 試験委員：あなたの会社が公衆の安全に脅威となる行為を行っていた場合には、どうしますか。	まず、その事実が本当のことであるかどうかを責任者に確認し、もし事実であればそれを是正するように説得します。それでもだめな場合には経営者に事実の証拠を示して説明し、是正を指示してもらいます。
A 試験委員：そろそろ時間ですが、他に何か質問はありますか。（B 委員を見る。）ないようですので、これで終了します。	ありがとうございました。どうぞよろしくお願いします。（ドアの前で）失礼します。

(4) 事例4（総合技術監理部門）

試　問	回　答
A 試験委員：『業務内容の詳細』について、総合技術監理部門の技術士の視点でポイントを説明してください。	『業務内容の詳細』に示したのは、国際的なコンソーシアムを組んで業務を実施した際のものです。記述内容にも示したとおり、……（中略）……で、特に人的資源管理の面での工夫が成果につながった大きな要因と考えております。なお、最近の情報技術を用いると、さらに経済性にも○○の効果をもたせられるようになると考えております。
A 試験委員：この業務において安全管理の視点ではどういった点を考慮しましたか。	安全管理については、現場においては非常に重要な内容になりますので、これも実施しています。特に多国籍のメンバー構成のため、安全の意識レベルが国別に違っていましたので、その調整には手間取りました。そこでも安全教育やサインなどの工夫を多く行いました。
A 試験委員：あなたが解答した問題○番の解決策で、経済性の面での効果を補足説明してください。	この問題の解答の際には、ここに記述したとおり、安全性と社会環境管理の視点でより重要性が高いとして、経済性の視点では述べておりませんが、……（中略）……といった点で、経済性の面でも効果があると考えています。
（中略）	
B 試験委員：あなたの業務経験について総合技術監理の視点で説明してください。	私は入社以来海外向けの化学プラントの設計と現場管理を行ってきましたが、その中では人的資源管理と情報管理の点で特に毎回工夫をしてきたと考えています。論文に示した業務以外においても、○年の△△プラントでは通信設備が未成熟な国での業務でしたので、特に難しい情報管理を求められました。
B 試験委員：そのときはどうしたのですか。	衛星電話を契約して対応しましたが、通信量が限定されましたので、日本との通信には時間的な計画を先に作り、特別な問題がない限りは、その計画に従って変更管理がタイムリーに伝達されるようにしました。それでも、気象状況によって通信が途絶するような場合がありますので、確認のための手順を作成するなどの工夫も加えました。
B 試験委員：それでは質問を変えますが、あなたは総合技術監理とはどういったものだと思っていますか。	私は、総合技術監理はまさにプロジェクトマネジメントだと考えています。ですから、これまでに私が経験した業務の基本であると思います。

試　　問	回　　答
B 試験委員：では、プロジェクトマネジメントは国際的に同じですか。	私は、残念ながら 1 つではないと思っています。アメリカには PMBOK がありますが、ヨーロッパにも国内にもそれに近いものがあります。
(中略)	
A 試験委員：では、私から質問しますが、これまで業務においてトレードオフを検討したことはありますか。	これまでは、安全管理と経済性管理で頻繁にトレードオフの課題に対応したことがあります。しかし、最近では、社会環境管理と経済性管理の面でのトレードオフについても多くなっているように感じています。
A 試験委員：結構です。では、あなたにとって、総合技術監理の技術士になる意義は何ですか。	はい。最近では、科学技術が総合化、複雑化してきており、それに対応するには、総合技術監理の能力は不可欠だと考えております。そういった背景から、自分が社会に貢献できる分野を広げていけると考えています。
A 試験委員：何か他に質問はありますか。（B 委員を見る。）では、これで終わりです。	ありがとうございました。 （ドアの前で）失礼します。

7.　最近の口頭試験の状況

　最近、口頭試験に合格した人に試問内容についてのヒアリングをすると、以前と比べて、試問事項となっている内容すべての試問を受けなかった受験者が多いように見受けられる。具体的には、技術士法について全く試問がなかった受験者もおり、経歴に関する試問が長かったことがその原因のようである。また、試験実施大綱では「筆記試験における記述式問題の答案」に関して試問するとなっているが、具体的に試問された受験者は少ないようである。しかし、口頭試験の試問事項として挙げられている以上、試問されないという前提で準備をしないというのは危険である。全く誰も試問されていないのであれば、そういった方法も考えられるが、試問されている受験者が皆無というわけではない以上、受験者としては準備しなければならないと考える。技術士法などについて試問されなかった受験者の中には、自分は不合格になったのではないかと不安を抱く人もいるようであるが、口頭試験ではいろいろな試問パターンがあるので、試験中で試問された内容にちゃんと答えていれば、試問がなかった事項は合格扱いになるため、あまり深刻にならずに合格発表を待ってもらいたい。現在の口頭試験は、試問時間が20分と大幅に短いために、『技術士としての実務能力』に関する試問で時間をかけ過ぎた試験委員がすべての事項を試問できなくなるというのが理由ではないかと推測される。その状況は、今後も変わらないと考えられるので、最近の試験状況が継続すると考えられる。

8. これだけは準備しておきたい 口頭試験対策

　本章では、口頭試験における試問事項として、4つの試問事項ごとに具体的な試問事例を示すとともに、「口頭模擬試験リスト」の作成方法に加え、不適切な回答事例と適切な回答事例の対比、さらに口頭試験の流れに沿った事例をそれぞれ示した。これらの内容によって、口頭試験においてはどういった試問がなされるのか、そしてどのように対応すれば問題なく合格できるのかということが理解できたと思う。さらに、口頭模擬試験リストを作成する方法によって、自分に出題される可能性がある口頭試験の試問と、それに対する回答の整理ができる点もわかってきたのではないだろうか。

　口頭試験までに十分な時間があるという時期にこの本を手にされた読者は、『業務内容の詳細』で記述した内容のレベルによって、その対応策を検討しておくとともに、筆記試験の直後に解答した内容を復元した資料をもとに、追加で質問されると考えられる内容を検討し、準備を怠らないようにしてもらいたい。そうすることによって、口頭試験対策についても時間をかけて「口頭模擬試験リスト」を作成できるので、自信を持って口頭試験に臨むことができる。しかしながら、業務の都合でどうしても準備が遅れてしまった、あるいは筆記試験の合格発表後にこの本を手にしたという読者も多いのではないかと思う。このような場合には、短期間で何をどこまで準備すれば良いものやら困ってしまうであろう。

　そこで、以下に第3章の内容を総括して、口頭試験までには最低でも準備して臨んでもらいたいという項目をまとめている。わずか7項目ではあるが、1つの項目でもないがしろにしてしまうと合否に大きく影響する事項なので、すべての項目について口頭試験を受ける当日までには確実に対策をしておいてもらいたい。

(1)『業務内容の詳細』の完成レベルによる対応を検討しておくこと

1) 完成度が低い場合には、『業務内容の詳細』について、高等な専門的応用能力を発揮したという視点で内容を説明できるようにしておくこと。

2)「高等な専門的応用能力」の視点が弱い場合には、発想はどういった経緯で考えたかなどの視点で補足説明できるようにしておくこと。

3) 完成度が高い場合には、自分自身が発想した業務である点を主張できるような説明を検討しておくこと。

完成レベルを客観的に判断して、上記の3つのパターンで準備をしておかなければならない。

(2) 自分の業務経歴について簡潔に説明できるようにしておくこと

もう一度、受験申込書提出時に記入した業務経歴の内容を確認し、口頭試験で説明する業務経歴の内容がそれと食い違わないようにしておかなければならない。

(3)「コミュニケーション、リーダーシップ」と「評価、マネジメント」の視点で業務経歴を見直しておくこと

令和元年度試験からは、コミュニケーション、リーダーシップ、マネジメントの視点で受験者自身の業務経歴から、実施した具体的な内容を試問する例が増えているので、過去の業務経歴をこれら3つの視点で見直しておくことが必要である。また、評価という視点で、『業務内容の詳細』や自身の経歴について再評価や今後の展望を述べさせる試問も増えているので、自分の経歴等の再評価を行っておかなければならない。

(4) 筆記試験で解答した問題に対して見直しを行い、補足すべき点を検討しておくこと

令和2年度の口頭試験では、「筆記試験における記述式問題の答案を踏まえて実施するものとする」となったので、答案の内容を再現して再検討しておかなければならない。試問内容は受験者自身が書いた答案の出来具合によって変わってくるが、内容的に不完全な部分や、必須科目（Ⅰ）や選択科目（Ⅲ）の

「問題解決能力・課題遂行能力」問題で複数の解決策が考えられる場合に、他の解決策についての補足や意見を求められる試問がなされると考えられる。

(5) 技術士等の義務・責務について理解し、5つの項目を言えるようにしておくこと

口頭試験において、ほとんどの受験者に試問される「技術士の義務・責務」（技術士法第4章）の内容は、技術士としての資質を問う根本的な試問になるので、その回答に対する評価は非常に重くなっている。そのため、技術士等の義務・責務については、完璧に覚えて口頭試験に臨まなければならない。

(6) 必ず一度は口頭模擬試験を体験しておくこと

勤務先や知り合いに技術士がいる場合には、その技術士に頼んで一度は口頭模擬試験を体験しておくべきである。知人に技術士がいない場合には、多少の費用はかかるが、口頭模擬試験を実施している講習会や講座を受講するのも良い方法である。また、これらのいずれも難しいという場合には、友人あるいは配偶者に「口頭模擬試験リスト」を渡して、そこに示された内容を質問してもらい、実際に声に出して回答する練習をしておくことが大切である。その際には、聞いている側の立場で簡潔な回答であったかどうかの意見をもらうことが重要である。1回であってもこれを体験しておくのと、ぶっつけ本番で試験会場で口頭試験を受けるのとでは、その結果に雲泥の差がでてくる。誰でも良いので試験委員役になってもらい、一度は口頭模擬試験の体験をしておかなければならない。

(7) 自信を持って口頭試験に臨むこと

最後に、口頭試験の結果を左右するのは、口頭試験に対してどれだけ自信を持って臨めたかである。

口頭試験の会場で緊張しない人は稀であって、普通は誰でもが緊張してしまうものである。すでにあなたは技術士第二次試験の筆記試験に合格しているのであり、我が国の技術者の中でもトップクラスの位置にいると考えて良いのである。いくら緊張していても、本書によって口頭試験対策を行ってきていれば、

もう十分に口頭試験にも合格できるレベルに達しているはずである。要するに、自信を持って口頭試験に臨めるかどうかが、合格のための原動力であるということを忘れないようにしてもらいたい。

おわりに

　令和元年度試験からは、筆記試験がすべて記述式問題の出題となり、本来の技術士第二次試験に戻ったと考える。その筆記試験に合格した受験者の最後の関門が口頭試験である。技術士第二次試験では、口頭試験で不合格となると、翌年はまた筆記試験からの出直しとなるため、口頭試験は是非とも一発で合格したいところである。しかし、これまでの口頭試験は、全技術部門全体で90％程度の合格率にはなっているものの、技術部門・選択科目によっては70％に満たない合格率になっているところもあるため、口頭試験に対して十分な準備をして臨む必要がある。ただし、口頭試験は個別に行われる試験であり、受験者それぞれにさまざまな試問が行われているため、受験者自身が身近にいる数人の合格者に口頭試験のポイントを聞いても、実際の試験ではそれとは違った展開をする場合も多くあり、効果が得られなかった受験者は多い。著者は技術士試験の対策指導を四半世紀近く経験しているため、多くの合格者から口頭試験で試問された内容をこれまで聴取してきた。そういった情報をもとに執筆を行ったのが本著である。そのような背景から、さまざまな口頭試験の試問について読者が事前に準備できる情報が提供できると考えている。令和元年度試験の改正では、試問事項が「技術士に求められる資質能力（コンピテンシー）」の内容に準拠するようになったため、試問の内容や試問の順番に変化が生じている。技術部門・選択科目によっては、試問される事項の順番が過去の口頭試験とあまり変わっていないところもあるため、パターンがより多くなったという感じである。そのため、受験者は、これまで以上に試験委員の試問内容を取り違えないように、しっかり把握して回答する必要がある。そのためには、事前準備が欠かせないが、本著の内容を読むと、試問の内容や試問順の例が示されているので、この内容をしっかり把握して試験に臨めば、大きなミスは生じないと考える。なお、口頭試験の主目的が、「受験者が技術士としての適格性を有しているかどうか」であるため、試問する言葉が変わっても、回答してほし

い内容に大きな変化はないと考えられるため、本著は口頭試験における有効な情報源となると考えている。

本著は、平成20年の初版出版以来、10年を超す期間、多くの受験者に愛用いただき、今回で第6版を出版できるのは望外の喜びである。しかも、共著者の杉内正弘氏は、私が技術士になって初めて参加した日本技術士会の例会の1つである、青年技術士懇談会（青年技術士交流委員会の前身）という会合で最初に知り合った技術士の一人であり、その後、一緒に青年技術士懇談会の幹事を務めた仲でもある。そういった関係から、最も気心の知れた技術士であるが、その杉内氏とは四半世紀を超える間付き合いが続き、6度目の協業ができるのも嬉しいことであると考えている。しかも、編集者は杉内氏と私の著書の編集を多く手がけている日刊工業新聞社の鈴木徹氏ということもあり、最高の組合せで仕事ができるのは何物にも代えられない喜びである。

それだけではなく、『業務内容の詳細』についてもできるだけ多くの技術部門の例を収録したいと考え、機械部門については、別の書籍で共著をしている大原良友技術士の助力を得られた点をお伝えすると同時に、大原氏に感謝申し上げる。

最後に、読者の皆さんの多くが技術士になって、公益社団法人日本技術士会で開催されている多くの例会の中で、杉内氏と私のような良い出会いがあることをお祈りしている。

2021年3月

福 田　遵

著者紹介──

杉内　正弘（すぎうち　まさひろ）

技術士（総合技術監理部門、建設部門）
　1978年3月武蔵工業大学工学部土木工学科卒業
　現在、(株)協和コンサルタンツ勤務
　公益社団法人日本技術士会青年技術士懇談会副代表幹事、研究開発規制調査
委員会委員、JABEE審査員などを歴任
　日本技術士会、土木学会会員
　資格：技術士（総合技術監理部門、建設部門）、APECエンジニア（Civil）、
　　　　IPEA国際エンジニア、大気関係第一種公害防止管理者、一級土木施工管理
　　　　技士、一級舗装施工管理技術者、測量士、コンクリート技士など
　著書：『技術士第一次試験建設部門受験必修キーワード700』、『年度版　技術士
　　　　第一次試験建設部門受験必修問題300』、『年度版　技術士第一次試験建設部
　　　　門受験必修過去問題集解答と解説』、『年度版　技術士第二次試験「建設部
　　　　門」〈必須科目〉論文対策キーワード』、『建設系技術者のための技術士受験
　　　　必修ガイダンス』（日刊工業新聞社）、以下共著『技術士第一次試験合格ライ
　　　　ン突破ガイド』、『技術士第二次試験合格ライン突破ガイド』、『建設系技術者
　　　　のための「総合技術監理部門」受験必修ガイド』、『建設技術者・機械技術者
　　　　〈実務〉必携便利帳』ほか（日刊工業新聞社）、『トレードオフを勝ち抜くた
　　　　めの総合技術監理のテクニック』ほか（地人書館）、『技術士試験建設部門
　　　　傾向と対策』ほか（鹿島出版会）

福田　　遵（ふくだ　じゅん）

技術士（総合技術監理部門、電気電子部門）
　1979年3月東京工業大学工学部電気・電子工学科卒業
　同年4月千代田化工建設(株)入社
　2002年10月アマノ(株)入社
　2013年4月アマノメンテナンスエンジニアリング(株)副社長
　公益社団法人日本技術士会青年技術士懇談会代表幹事、企業内技術士委員会委員、
神奈川県支部修習技術者支援委員会委員などを歴任
　所属学会：日本技術士会、電気学会、電気設備学会
　資格：技術士（総合技術監理部門、電気電子部門）、エネルギー管理士、監理技
　　　　術者（電気、電気通信）、宅地建物取引士、ファシリティマネジャーなど
　著書：『例題練習で身につく技術士第二次試験論文の書き方　第6版』、『技術士
　　　　第二次試験「建設部門」過去問題〈論文たっぷり100問〉の要点と万全対策』、
　　　　『技術士第二次試験「電気電子部門」過去問題〈論文たっぷり100問〉の要点
　　　　と万全対策』、『技術士第二次試験「機械部門」過去問題〈論文たっぷり100
　　　　問〉の要点と万全対策』、『技術士第二次試験「電気電子部門」要点と〈論文
　　　　試験〉解答例』、『技術士第二次試験「建設部門」要点と〈論文試験〉解答例』、
　　　　『技術士第二次試験「機械部門」要点と〈論文試験〉解答例』、『技術士第二
　　　　次試験「総合技術監理部門」標準テキスト　第2版』、『技術士第二次試験「総
　　　　合技術監理部門」択一式問題150選&論文試験対策』、『トコトンやさしい発
　　　　電・送電の本』、『トコトンやさしい電気設備の本』、『トコトンやさしい熱利
　　　　用の本』、『トコトンやさしい電線・ケーブルの本』（日刊工業新聞社）等

技術士第二次試験
「口頭試験」受験必修ガイド　第6版　　　　NDC 507.3

2008 年 4 月 25 日	初版 1 刷発行	
2010 年 11 月 26 日	初版 3 刷発行	
2011 年 4 月 15 日	第 2 版 1 刷発行	
2013 年 3 月 25 日	第 3 版 1 刷発行	
2014 年 10 月 22 日	第 3 版 3 刷発行	
2015 年 3 月 20 日	第 4 版 1 刷発行	
2018 年 11 月 16 日	第 4 版 9 刷発行	
2019 年 3 月 22 日	第 5 版 1 刷発行	
2021 年 3 月 30 日	第 6 版 1 刷発行	

（定価は、カバーに表示してあります）

© 著　者　　杉　内　正　弘
　　　　　　福　田　　　遵
発 行 者　　井　水　治　博
発 行 所　　日 刊 工 業 新 聞 社
　　　　東京都中央区日本橋小網町 14-1
　　　　　　（郵便番号 103-8548）
電話　書 籍 編 集 部　03-5644-7490
　　　　販売・管理部　03-5644-7410
　　　　　　　FAX　03-5644-7400
　　　　振替口座　　00190-2-186076
URL　https://pub.nikkan.co.jp/
e-mail　info@media.nikkan.co.jp

印刷・製本　新 日 本 印 刷 株 式 会 社
組　　版　メ デ ィ ア ク ロ ス